掌控一生的99个关键问题

本书编写组◎编

ZHANGKONG
YISHENG DE
99 GE GUANJIANWENTI

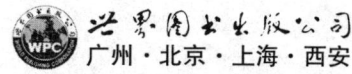
世界图书出版公司
广州·北京·上海·西安

图书在版编目（CIP）数据

掌控一生的 99 个关键问题 /《掌控一生的 99 个关键问题》编写组编 . —广州：广东世界图书出版公司，2011.1（2024.2 重印）

ISBN 978 - 7 - 5100 - 3201 - 1

Ⅰ．①掌… Ⅱ．①掌… Ⅲ．①人生哲学 – 青少年读物 Ⅳ．①B821 - 49

中国版本图书馆 CIP 数据核字（2011）第 007700 号

书　　　名	掌控一生的 99 个关键问题
	ZHANGKONG YISHENG DE 99 GE GUANJIAN WENTI
编　　　者	《掌控一生的 99 个关键问题》编写组
责任编辑	冯彦庄
装帧设计	三棵树设计工作组
出版发行	世界图书出版有限公司　世界图书出版广东有限公司
地　　　址	广州市海珠区新港西路大江冲 25 号
邮　　　编	510300
电　　　话	020-84452179
网　　　址	http://www.gdst.com.cn
邮　　　箱	wpc_gdst@163.com
经　　　销	新华书店
印　　　刷	唐山富达印务有限公司
开　　　本	787mm × 1092mm　1/16
印　　　张	10
字　　　数	120 千字
版　　　次	2011 年 1 月第 1 版　2024 年 2 月第 12 次印刷
国际书号	ISBN　978-7-5100-3201-1
定　　　价	48.00 元

前　言

　　有人说，人生的道路是很漫长的，但要紧处常常只有几步而已。关键的几步想对、走对了，你就走进了"天堂"；关键的几步想错、走错了，你就会堕入万劫不复的"地狱"。这话道出了一个真理：人生中确实是有关键的节点的。人的一生中只要把握好若干的关键节点，人生之路就会越来越顺！

　　人生是好是坏，不由命运来决定，而是由心态来决定，我们可以用积极的心态来看事情，也可以用消极的心态来看事情。但积极的心态能激发潜能，而消极的心态则抑制潜能。在很多时候，对很多事情，我们或许真的无力改变，但是，我们至少可以改变自己的心情，改变我们自己的心态，而一旦心情、心态改变了，我们所面对的一切就真的都不一样了。

　　人生贵在把握进退之机，进与退都是处世行事的技巧，该进则进，该退则退。而一个人怎样给自己定位，将决定其一生成就的大小。

　　每日忙忙碌碌，蓦然回首，你是不是已经偏离了人生的轨道，学会舍弃方能得到。放弃是一种境界，大弃大得，小弃小得，不弃不得。

　　人生能有几回搏，此时不搏更待何时。在关键的时候不努力，那以后我们可能要用成百倍、成千倍的艰难奋斗来补偿因今天的懒惰而造成的损失。

　　人生真的需要提醒，适时地点拨会使你终生受益。

　　本书分为"心态决定命运"、"敢选择会放弃"、"人际交往沟通"、"习惯造就人生"、"细节决定成败"等5章，共99个人生的关键问题。本书取

材广博，选例典型，叙事简明，议论结合事例，重点突出。

本书将人生旅途中的各种关键问题荟萃于一书，犹如人生旅途中的行动指南，如能认真阅读和深入思考，定能让你看透人生的迷雾，使自己变得洞察世事，人情练达，从而走向更加成功和灿烂的辉煌明天。

在编撰过程中，由于受资料和学识所限，书中可能会有失当和不足之处，欢迎广大读者提出建议和批评，以便将来再版时采纳和改正。

ZHANGKONG YISHENG DE 99GE GUANJIAN WENTI

目 录
Contents

目

录

1

ZHANGKONG YISHENG DE
99GE GUANJIAN WENTI

心态决定命运

积极能使人上进

在美国颇负盛名、人称"传奇教练"的伍登，在全美 12 年的篮球年赛当中，替加州大学洛杉矶分校赢得 10 次全国总冠军。如此辉煌的成绩，使伍登成为大家公认的有史以来最称职的篮球教练之一。

曾经有记者问他："伍登教练，请问你如何保持这种积极的心态？"

伍登很愉快地回答："每天我在睡觉以前，都会提起精神告诉自己：我今天的表现非常好，而且明天的表现会更好。"

"就只有这么简短的一句话吗？"记者有些不敢相信。

伍登坚定地回答："简短的一句话？这句话我可是坚持了 20 年！重点和简短与否没关系，关键是在于你有没有持续去做，如果无法持之以恒，就算是长篇大论也没有帮助。"

伍登的积极超乎常人，不单只是对篮球的执著，对于其他的生活细节也是保持这种精神。例如有一次他与朋友开车到市中心，面对拥挤的车潮，朋友感到不满，继而频频抱怨，但伍登却欣喜地说："这里真是个热闹的城市。"

朋友好奇地问："为什么你的想法总是异于常人？"

伍登回答说："一点都不奇怪，我是用心里所想的事情来看待，不管是悲是喜，我的生活中永远都充满机会，这些机会的出现不会因为我的悲或

喜而改变，只要不断地让自己保持积极的心态，我就可以掌握机会，激发更多的潜在力量。"

 **人生感悟**

　　拥有积极的心态，是一个成功者必备的素质。积极的心态，能够使人上进，能够激发人潜在的力量。

自信能使人成功

　　德国哲学家谢林曾经说过："一个人如果能意识到自己是什么样的人，那么他很快就会知道自己将成为什么样的人。让他首先在思想上觉得自己的重要，很快，在现实生活中他也会觉得自己很重要。"的确，富兰克林·德拉诺·罗斯福正是凭借自己的进取、抗争……甚至苦斗，以及由顽强隐忍和深沉性格支撑起来的自信，成为美国连任4届的总统。

　　他39岁时下肢瘫痪并从此终生与支架或轮椅为伴，病因是小儿麻痹症。他把这飞来的一击当成冥冥之中，早已预定的命运之约。生理残疾往往使人乖戾、愤世嫉俗，罗斯福却以健全的心理平衡与防卫机制避免了这种可能性；痛苦也使人宽容、旷达，平和的理智和高度的自尊使他在最令人沮丧的诸事不顺的促狭环境中，也能发现现实存在的合理性和点滴变通的可能性，这种柔韧而绵长的信念使他永远有梦，政治明星的职业末日感也随之被消解。此后在他生命中的各个时段里，他遭遇了难以计数的反对派和强硬的对手，他们对他的各个方面进行过非议和责难，但都绝口不言他曾经或者会绝望。

　　一个人的自信并不是天生形成的，与后天很有关系，特别是童年，幸福优越的童年生活往往使人的个性能够向良好的方向发展。罗斯福的幸福快乐童年生活使他形成了自信自尊的性格。

　　童年的罗斯福拥有优越的环境，他家境富裕，在生活中受到了严格而

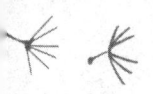

又充满爱抚的教导和训练。他每天都要花一定时间来完成父母为他制定的各项训练计划。詹姆斯夫妇从小就为儿子的成长规划了一个并不富于弹性的框架，他们似乎并没有刻意培养他的意志力和独立性格。这样的环境培养了他的优越感以及基于自信的平静性格。

14 岁那年，罗斯福进了格罗顿公学，由于操着浓重的英国口音，有些不太合群，因学校里有一个年龄比他大的名声不太好的侄子，因此他得了个绰号"富兰克叔叔"。但罗斯福并没有因此颓丧，而是慢慢学会了与同龄人相处，他较快地克服了一般插班生因突然面对全新环境而容易产生的那种羞怯、焦虑、失落等不适应症，并从容不迫地进入了角色。他"冷静、沉着、聪明，脸上总挂着最热情的、最友好的和最充分体谅别人的微笑"。校长向他的父母报告说："在我的印象中，他是个聪明和诚实的学生，也是个好孩子。"

罗斯福从格罗顿公学毕业后，就进了哈佛大学。哈佛大学的生活丰富多彩，一个人在社交圈和体育活动中成就的好坏往往决定了他在校园里的声誉和地位。罗斯福又一次面临着他在格罗顿时的难局：他身材瘦长，体重仅 146 磅（1 磅约合 0.45 千克），几乎没有拿手的运动项目让他出人头地。

然而罗斯福仍然像在格罗顿公学那样，永不言弃。他竭尽全力，弄得伤痕累累，最后被选为一支橄榄球队的领队。他还致力于划船比赛和合唱队的排练，虽未能在正式队员中占有一席之地，但被选为新生合唱队的秘书。最大的打击来自他在社交活动中的努力。哈佛当时名目繁多而等级森严的社交俱乐部林立，其中最精英、最受人尊敬的是波尔柴兰俱乐部，20 多年以前他的远房堂兄西奥多·罗斯福曾是其会员，而现在不知什么原因它却将富兰克林·罗斯福拒之门外。罗斯福只好参加了名声稍差的旗帜俱乐部，并担任起所属图书馆的首席管理员。他还被选入哈佛联合图书馆委员会。随后，他又加入了其他的几个社交俱乐部。临近毕业时，他以 2/3 的票数当选为优等生委员会常务主席。

1901 年，他以自己出色的表现被选为哈佛《红色校旗报》的编辑。罗斯福兢兢业业的敬业态度和锲而不舍的精神，为他的哈佛《红色校旗报》

心态决定命运

编辑生涯画上了完满的一笔。1903 年夏，成绩出众的罗斯福在激烈的竞争中被选为该报主编。这一结果充分显示了他为争取更高的地位而苦斗不已的"强烈的劲头"。罗斯福后来写道："哈佛《红色校旗报》的经历为我后来担任公职作了最有用的准备。"

1904 年 6 月，罗斯福正式告别了哈佛大学。他的家世、教养、特殊身份以及教育程度使他产生了一种优越意识。他踌躇满志，意气风发，认为自己"应该在美国社会中成为一位举足轻重的人物"。

1910 年春，他被正式提名为州参议员候选人。他的竞争对手是竞选连任的共和党参议员约翰·F·施洛塞尔。

波基普西市由于有爱尔兰人和其他民主党人的势力，所以在这里总是民主党人获胜。但它下辖的达切斯县、哥伦比亚县、帕特南县却拥有面积达 2.5 万平方英里（1 平方英里约合 2.6 平方千米）的乡村，属北部纽约州比较发达的农业区。那里的农场主以前一般总投共和党人的票，自南北战争以来，民主党人仅在那里获胜 1 次。然而自信的罗斯福并不为所动，带着随行人员驱车奔驰在辽阔的乡间田野。他对着散居各处而难以聚集的选民们作了无数次艰难而无法预知效果的演说。所有这些努力都在 1910 年 11 月初那个阴冷的雨天得到了回报。罗斯福以 15708 票对 14568 票战胜施洛塞尔，他在海德公园村的优势是 406 票对 258 票。

罗斯福作为州议会里最年轻的议员，一出场就表现为一个不甘平庸的进步派，他总是利用满腹的自信去赢得别人对他的尊重和信任，最终出人头地。当时的联邦参议员还不是由选民直接选举，而是由州议会推选，而纽约州的民主党组织长期被纽约市最具实力的坦慕尼协会所控制。党魁查尔斯·F·墨菲已经决定推举威廉·F·希恩作为民主党的候选人。罗斯福审时度势，甘愿冒着违反核心小组的规定而成为反叛者的危险代价，毅然加入了反对者的行列，并很快成为其领袖，双方随即展开了旷日持久的激烈论战。虽然结局是令人沮丧的妥协，罗斯福却因此声名大噪，一跃成为带头反对坦慕尼的英雄，从而引起全国舆论的瞩目。他不仅没有像以前的其他反叛者那样为个人的自由思想而付出惨重的代价，反而早早地在诡谲的政治斗争中经受了一次生动而难得的锻炼。

1921年8月初，不幸降临在罗斯福身上，大夫诊断为下肢血栓形成或是脊髓受伤，并提出了强力按摩的处置意见。8月25日，世界一流的专家罗伯特·S·洛维特终于作出了正确的诊断：脊髓灰质炎。脊髓灰质炎又叫小儿麻痹症，是一种多发生于夏秋季节由脊髓灰质炎病毒引起的急性肠道传染病。患者在多汗发热、周身疼痛数日后常常会手足软绵无力、不会动弹，称为"弛缓性瘫痪"，这是因为病毒侵入了相应部位的神经组织所致。严重患者病毒可侵入其脑神经，出现面瘫、吞咽和呼吸困难，乃至危及生命。该病患者绝大多数是7岁小儿，仅有极少数成年人因未获此病毒的免疫力而招致不幸。病势较轻者可以在一两年内恢复到一定程度，不幸的罗斯福万幸属于后者。他的两腿完全瘫痪，并伴有向上蔓延的症状，膀胱和直肠括约肌也一度瘫痪，必须插导管。有时剧疼放射到全身，体温变化不定。

　　纽约长老会医院的两位大夫作出了最后的诊断——瘫痪已完全形成，两腿的肌肉和神经已被破坏，且背部肌肉也可能萎缩。其中一位是罗斯福在格罗顿和哈佛的校友乔治·德雷珀大夫，他在报告中写道："在他的治疗中，心理因素居首位。他坚毅勇敢、抱负远大，但感情器官却是少有的敏感。因此，要做到使他既能正视自己的现实，又不至于使他在精神上垮掉，这需要我们拿出我们的全部本领。"由于妻子和医生们的精心照料，更由于罗斯福自身蕴藏的巨大勇气和坚定的自信，因此，在经历了最初的沮丧和失望之后，罗斯福开始变得愉快起来。

　　罗斯福在生病期间，没有顾影自怜，而是拿出了巨大的勇气克服他的痛苦。他隐忍着肉体和精神上的极大痛苦，几乎每天都在接受一个又一个的治疗措施，他学会了操纵轮椅，掌握了一些移动身子的新方法，经常连续几小时锻炼身体。几个月后，他的腰部以上看起来像一个肌肉发达的运动员。

　　当罗斯福能够得心应手地使用拐杖之后，他断定可以出去公开露面了。他情绪乐观、精神饱满、思维依旧敏捷，朋友们几乎都不把他当成病人。

　　正是这种历经巨大创痛和打击而不改本色并依然故我的精神已经反映了罗斯福的本色：他具有一般普通人所不具备的禀赋和意志。罗斯福的大儿子詹姆斯在20世纪60年代出版的著述中也确信，并非小儿麻痹症造就了

罗斯福的性格，而是他的性格使他从苦难中解脱出来。

1932 年罗斯福正式宣布他已做了竞争民主党总统提名的候选人，不久，就有起码 6 名其他候选人宣布加入这一角逐。声誉鹊起的罗斯福州长经过一年巧妙的筹备，已然处于较为有利的地位。但他的弱点也很明显，即其支持者成分过于复杂和分散，这将可能导致在党的全国代表大会上难以形成一种凝聚力以及僵持局面下必不可少的耐力。并且，他的宿敌和竞争对手们立即开始针对他的一些薄弱环节展开了轮番进攻。

然而他并没有害怕，而是坦然应战。他的自信和智囊团帮他赢得这次选举。罗斯福热情、自信的声音激起了中西部、南部等地的广大选民的深深共鸣，他发出了这样的呼声："我们国家需要的——如果我没有把它的特征看错的话——而且也是它所需要的，是大胆的、坚持不懈的实验。"最后罗斯福终以 945 票当选为民主党总统候选人。1932 年 11 月 8 日，罗斯福在和胡佛竞争中取得了明显优势，以 2282 万张选民票对 1576 万张而大获全胜，当选为美国总统。

1932 年冬天，是第 4 个也是最糟糕的一个大萧条的冬天。全国至少有 1300 万人失业，《幸福》杂志估计除农村受难的 1100 万户人口不计外，全国有 3400 万人没有任何收入。许多人在前工业社会大饥荒时代的那种原始状况下生活。人们对时局、政府政策的怨恨之情已达到饱和的临界点。这时候的罗斯福却没有因此陷入困境，而是积极准备上台后的一切事务。他如此镇静自若，是因为他对于自己正从事的事情的价值和重要性，具有清醒的、绝对的信念。1933 年 3 月 4 日，罗斯福自信而富有激情的就职演说使他赢得了大部分美国居民的心。

冷静而深谋远虑的罗斯福并未陶醉于人民的欢呼声中，他明白眼前的效果仅仅是防御性的临时应急措施的奏效使然。于是，罗斯福政府采取了更多的迅速而有节奏的行动，从而开始了史称"百日新政"的时期。

从 3 月 9 日到 6 月 16 日国会休会为止，罗斯福愈益显示出了其非凡的魄力、惊人的智慧和似乎无限的精力。他发表了 10 次重要演说，制定了新的外交政策，建立了每周举行记者招待会和内阁会议各为 2 次的惯例，宣布了修正禁酒法令和废止金本位制，向国会提交了 15 篇咨文，引导并敦促议员们通过了 15 项重要的法案。这些重要法案连同一些具体细节方面的法令规定，以及在随后 1 年多里，罗斯福政府大致围绕着这个主题进行的一系列的补充和使其趋于完备的持续努力，基本构成了史称"第一次新政"的主体部分或骨骼。

罗斯福不管在以后遇到什么样的困难，或是来自在大萧条时期一些政客们的羞辱和对抗，还是国内混乱萧条的状况，他都能沉着冷静，充满自信应对局面。1935 年他再度进行了"百日新政"，正如 1945 年 4 月 14 日，中国共产党《新华日报》社论所指出的那样，"罗斯福用大无畏的精神推行新政……他渡过了危机，安定了国民生活"。

战争使美国社会正经历着一场巨大的变革，其全面性和深远的意义，直到战后才被美国人逐渐体会到。它无所不至地、不可抗拒地延展到美国社会的各个角落。一切的运转围绕着赢得战争胜利这一中轴。总动员开始了。观察家们发现，罗斯福"表现了掌握和控制十分紧迫的事态的高超才干，而这正是一位政治家最难能可贵的特点"。他"显得有条不紊，镇定自若，心情愉快，神态庄重，不知疲倦而又满怀信心"。珍珠港事件激起全国的团结精神，这种精神保证了人民自愿入伍、配给供应和经济统制，罗斯福在这种情势下更能显示出战时统帅的作用。同时，这种情势也使罗斯福更自然地把人民的战争观同新政的自由民主价值联系起来。乔纳森·凡尼尔斯写道："在他那个时代里，没有谁能像他那样，在美国人惊惧之时，能唤起美国人的内在信心。由于他深信美国人的自尊感，所以他要求或者期望美国人拿出勇气来的时候从来是没有什么顾忌的。"

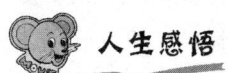

人生感悟

　　如果有坚强的自信，往往能使平凡的男男女女做出惊人的事业来。胆怯和意志不坚定的人即使有出众的才干、优良的天赋、高尚的品格，也终难成就伟大的事业。

猜忌使人狡诈暴戾

　　我国明朝的开国皇帝明太祖朱元璋是一位猜疑心极其强烈的人，他在建国不久后便大肆杀戮功臣，其统治时代成为我国历史上较为血腥的一段时期。朱元璋（1328～1398 年）是明朝开国皇帝，杰出的地主阶级政治家和军事家，史称明太祖。他出生在贫苦农民家庭，通过参加农民起义，成就了霸业。

　　建国后，朱元璋喜好猜疑的心态逐渐显露出来了。为使朱家王朝长治久安，强化皇权，解决统治阶级内部矛盾，朱元璋借胡惟庸案、蓝玉案大肆诛戮功臣；为保证封建统治秩序的稳定，他制定了《明律》和《大诰》，还特别设立锦衣卫特务机构。充分显示出强化封建专制帝王的权威。

　　实际上，他这种猜疑的心态并不是在建国后才突然生成的，俗话说"冰冻三尺，非一日之寒"，这种心态最初源于其参加农民起义军时自卑的心理。朱元璋出身贫农，生活上无恒产，17 岁便出家当和尚，靠乞讨为生。在天下动乱之时，投到郭子兴部下，也只能当个亲兵。而从封建伦理标准看来，他不是豪门显贵的余绪旁支，如果没有聪明睿智的表现，就没有资格君临那些高门后裔和文人雅士。于是他在政治军事上扩展自己的势力的同时，还努力学习文化，屈尊结交大文人如宋濂、刘基等，似乎他虚心好学、礼贤下士。但是无论文人在皇上的面前如何的毕恭毕敬，皇上总归是学生而文臣是先生，这与君上臣下的君臣之纲是完全相悖的。再从实质上看，一方是连字都不大认得的皇帝，一方是学富五车、才高八斗的鸿儒臣子，即使臣子表现得再谦恭，可是为了回答皇帝的问题而作出解释，也不能不显出皇上那低得可怜的水平。于是至高无上的皇上在文化领域成了无足轻重的乡愚。因此朱元璋在贫困无依、不能自立的环境中必然形成强烈的自卑感。而他之所以胜利后能独主天下，便是依赖了农民武装和一大批文人武将的帮助，这不但使朱元璋的自卑感更加强烈，并因之而产生了猜忌多疑的心态。

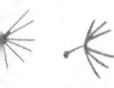

朱元璋自卑狭隘多疑的心态表现很多，其中一个表现就是，他当皇帝以后喜欢写文章，并且将文章作为圣谕颁行天下，要臣下和学生作为教材来学习。他这样做，似乎十分重视文化教育，可是结合他对知识分子的百般猜忌和残酷镇压的行为，就可看出他写文章的动机并不是重视文化，而是为了以显示文采来抑制自卑感。当时因文字而被杀的人有很多。浙江学府教授林元亮为海门卫作《谢增俸表》，表内有"有则垂宪"一词而被杀，因为"则"与"贼"的读音差不多。北平府学训导赵伯宁、福州府学训导林伯璟、桂林府学训导蒋质、常州府学训导蒋镇、沣州学正孟清、陈州训导周冕、怀庆府学训导吕睿、祥符县学教授贾翥、亳州训导林云、德安府学训导吴宪，皆以文字受害。还有僧人来复的谢恩诗中有"殊域及自惭，无德颂陶唐"之句，朱元璋就说："你用'殊'字，就是说我是'歹朱'，'无德颂陶唐'，就是说我'无德'，不可能将我像'陶唐'一样来歌颂。"于是这位歌功颂德的和尚就掉了脑袋。

朱元璋猜疑之心至极，甚至连备受他重用的宋濂也难免遭殃。大学士宋濂告老还乡，每年都要来觐见朱元璋。有一年没有来，朱元璋就将他的儿子宋璲、宋慎杀掉，并将宋濂谪居茂州。文学家高启被荐修《明史》。成书以后，朱元璋授以户部侍郎的高位，高启坚决推辞。朱元璋认为他不肯合作，就将他腰斩于南京。当天下文人都只能以他的文章"为表式"的时候，他多疑和自卑的心态才会得到一点平息。

从朱元璋令天下办学校的举措，也可看出他那多疑狭隘的心态来。洪武二年（公元 1369 年），朱元璋诏令天下建立学校。他做了学校刻石于校门前，不许生员"炫奇立异"，不许生员直言。这样就使知识分子既不能获得广泛的真知，进行有创造性的学术研究，也不能过问政治，当然就不能获得"治国平天下"的实际经验，也就不会对皇权构成威胁。

朱元璋多疑的心态必然会使他残酷迫害一切他认为比自己高明的人，特别是迫害文人，因而对于文化的影响特别大。首先是形成了轻视和践踏文化教育的恶劣风气。毁书院就是这种恶劣风气的一种表现。明代曾发生过 3 次毁书院的事件。朱元璋一方面对读书人诱之以利禄，一方面对文化进行各种各样的打击，这势必使教育陷入绝境，败坏社会风气。教育的落后

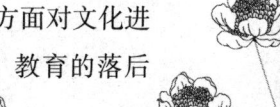

心态决定命运

又导致科学技术的欠缺。历史事实表明，明代无论是生产、救灾还是军事活动，都迫切需要科学技术。在明朝的280多年间，有记载的大范围水旱灾就有30多起。黄河、淮河以及江南地区，几乎没有几年是平安无事的，治理河湖成为明朝政权的一件大事。但是由于墨守古法，虽然筑堤疏渠，都始终没有控制住灾害。正统年间，太皇太后专以养民为务，每逢水灾，赈济以亿万计。从所花"亿万"就可见灾害之大。自然灾害严重，民不聊生，社会秩序混乱，暴动时有发生，影响王朝的安全，因此救灾成为当时治国的一项重大任务。当时的知识分子虽然不能改造社会，却在力所能及的范围内作出了贡献。编写救荒书籍就是贡献之一。但是知识分子的这些有社会意义的创作活动，并没有在朱元璋所形成的"科举嚣争，富贵熏心"、"无意于学"的社会中，成为推动经济生产发展的强大力量。

文化的衰微导致道德的堕落，而道德堕落的突出表现就是官吏大肆贪污。明代权奸贪污行为之猖狂，贪污的赃物数量之巨，令世人瞠目。同时，文化衰微又导致人才十分缺乏，奸臣当道，以致连目不识丁的魏忠贤也能执掌国家大权。素质低下的人既不可能在经济文化上作出有利于社会发展的贡献，也不可能成为巩固王朝政权的"栋梁之才"，甚至不可能成为足以抵御外侮的军人或者凭借农民起义以建立稳定的新政权的领袖。明军在抵御北方少数民族入侵的战争中表现得非常怯懦而无战斗力。

朱元璋多疑的心态远不止这些，他称帝不久便迫不及待地大杀下臣甚至皇族。当时的京官去见皇上之前，都要和妻子儿女诀别，到下午平安地回到家，全家人才高兴起来。可见当时朝臣的恐怖达到了何等程度。众所周知，朱元璋建国后不久便以种种名义大肆杀戮群臣，其中包括曾经和他征战南北、战功卓著的功臣。正是他这种多疑的心态，才令这些大臣遭遇了灭顶之灾。明朝建立后，这些功臣宿将不仅居功自傲、骄恣如故，而且随着权力和欲望的不断增长，他们在政治、军事上的势力也在迅速膨胀，遂与朱元璋提高皇权、专制独裁的政策发生激烈冲突。在这种情况下，平素多疑的朱元璋当然会怀疑这些人对自己地位的威胁。

一方面，君权与相权发生了冲突。君权和相权在封建统治阶级内部是两种不同势力的代表，它们相辅相成，共同统治人民；但它们之间又经常

发生矛盾和冲突，而且随着中央集权专制的日益发展，君、相间的矛盾就越尖锐。朱元璋称帝后，先后任命过4员丞相，其中以胡惟庸最为跋扈。他是一个"专恣不法，擅作威福"的人，在任丞相的时候，他"生杀黜陟，或不奏径行，内外诸司上封事，必先取阅，害己者辄匿不以闻，四方躁进之徒，及功臣武夫失职者，争走其门，馈遗金帛名马玩好，不可胜数"。胡惟庸还先后铲除了异己徐达、刘基等人，满朝文武中能与其分庭抗礼者已无几人。于是胡的权势已发展到炙手可热、不可一世的地步，这种对皇权造成的严重威胁，多疑而又狭隘的朱元璋自然不能坐视不理。而胡惟庸的"专恣不法"，正好给他抓到了把柄，朱元璋遂以"胡党谋逆"为由，于洪武十三年（公元1380年）兴胡惟庸党案。"词连所及，坐诛者三万余人"，前后因胡党案牵连被诛的公侯大将达20余人，成为明初的第一大狱。从此，朱元璋吸取教训、废丞相、设六部，大权独揽。

另一方面，君权与将权也发生了冲突。朱元璋自己就是一个"马上皇帝"，一生南征北战，深知依靠武将夺取天下对于他自己的将来意味着什么，十分担心武将的叛乱。早在明朝建立前，谢再兴、邵荣的叛变就给朱元璋以深刻的影响，因此他对诸将很不放心。诸将出征，以其家属留京做人质，并依靠检校侦缉将士私事。而朱元璋对公侯大将防范越是严密，矛盾就越深。功臣宿将不仅手握重兵，且又和各地卫所军官有过统率关系，很容易形成和朝廷对抗的军事力量，成为倾覆明朝统治的潜在威胁。以大将军蓝玉为例，他是开平王常遇春妻弟，虽骁勇善战，但为人"性复狠愎，专恣暴横"，在朱元璋面前也举止傲慢，无人臣之礼。诸多迹象均表明，将权将要威胁到朱元璋的皇权，多疑的朱元璋当然不可能连这一点也不知道。于是，捏造蓝玉谋反的罪状，株连15000人，把军中的骁勇之将杀了个干净。

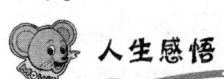 **人生感悟**

> 越想害人的人，就越怕被人害。私欲越大，猜疑的心态就越明显。独裁者、野心家的私欲最大，因而疑心就越重。相反，一个人如果无私，那么，他的行为就必然无畏。

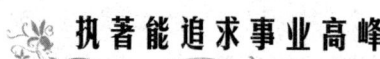

执著能追求事业高峰

杰克·韦尔奇在 1981 年登上美国通用电气公司（以下简称 GE 公司）的第一把交椅，那时候他才 45 岁，成为通用电气历史上最年轻的首席执行官。20 年来，在韦尔奇的领导下，通用电气的市场价值从原来的 140 亿美元，增加到今天的 6000 亿美元，这成绩把比尔·盖茨等其他世界级企业家远远甩在身后。

作为公认的全美头号经理，全球第一 CEO，自 1981 年接掌通用电气公司，一直到 2001 年 9 月正式卸任，韦尔奇以其卓著的领导艺术和管理智慧，使通用电气各项主要指标保持着两位数的增长，创造了企业史上的奇迹。

我们不仅可以从杰克·韦尔奇身上学到优秀的管理艺术，而且还可以学到他执著的精神：对事业的执著，对自己认为正确的事情的坚持。

韦尔奇从马萨诸塞大学毕业以后，直接进了 GE 公司。1961 年，他已经以工程师的身份工作了一年，在这一年中，他一直想找机会脱颖而出。他虽然是以工程师的身份加入的，但他总是想超越自己，经常写一些详细的成本报告、对塑料产品的物理性质的详细分析和一些主要竞争产品的分析报告给他的主管看，以便引起他的注意，让他满意。他还试图分析领导的心理，因此在回答他们问题的时候，总是喜欢突出新意。终于他通过一系列的努力手段赢得了上司的赏识，当上了一个工厂的主管。1964 年，他不仅工资得到提升，还当上了主管聚合物产品生产的总经理。

韦尔奇自己也说，他并没有把困难当作困难，而是把每一件事情当作一次新的体验。他真正做到了体会成功的喜悦，克服过程中的困难，永远坚持，永远超越。到 1970 年，不到 3 年的时间里，他主管的塑料业务增长了 2 倍多，到 1977 年，韦尔奇从负责 1 亿美元的业务到负责一个 4 亿美元的部门，再到负责 20 亿美元的集团。

到 1977 年，韦尔奇被提升为事业部执行官，这时他注意到 GE 信贷公司的发展。在当时，没有人注意到 GE 信贷公司。然而韦尔奇并不因为世人的眼光而放弃，他认为，与他知道的工业业务相比，信贷比较容易赚钱，这种商业完全是知识资本——找到聪明和具有创造力的人，然后运用 GE 强大的平衡表。对韦尔奇来说，信贷公司就像一座"金矿"一样。于是他开始尝试做一些小业务，比如给房屋制造、二手贷款、商业地产、工业贷款和租约以及个人信用卡提供经费。在执行的过程中，韦尔奇也是遇到了困难的，然而他总是迎头而上。韦尔奇是从理科出身的，他不懂财务的复杂性，他让一个职员将所有的专业术语翻译成普通的名词，他刻苦学习，像一个研究生一样学习财务知识。信贷公司最终为 GE 带来了巨大利润。

虽然在当时，韦尔奇没有把握能够当上通用的 CEO，但他努力争取，努力去做他想要做的事情。他拼命工作，尽量同别人拉开差距。在此当中，他也曾被各种猎头公司追逐，也曾考虑跳槽，但是有一个信念支持他，他没有选择离开。终于，在 1979 年 1 月底，董事长请韦尔奇来到他的办公室，同他开始了第一次著名的"飞机面试"，韦尔奇告诉董事长，他是通用最适合的人选。终于他得到了认可。他开始一系列革新通用的行动，他把通用带领到一次次的销售奇迹中。在此当中，他遇到了无数的阻碍，可是每次他都坚持了下去，结果证明他每次都是对的。

面对众多的压力，普通人往往会选择放弃，然而成功人士他们往往坚持下去，这也许就是普通人与成功人士的区别。

1980 年初，整个 GE 公司到处充满着混乱、焦虑和困惑。在 5 年的时间里，大约有 1/4 的员工离开了 GE，总数达 118000 人。然而，韦尔奇在世人眼中似乎没有解决员工离职问题，而是注重去投资数百万美元去做被认为是"无生产价值"的事情。他在公司总部修建了健身中心、宾馆和会议中心。当时他顶住了很多压力去干这些事。他有他的理由，他认为要改变一下人们的习惯，人们总是想往回赚钱，越多越好，可就是舍不得往外投钱，既想让马儿跑得快，又不想让马儿多吃草。但要留住优秀人才，必须不让优秀人才在一所破旧的发展中心待上 4 星期，不应该在煤渣砖砌成的房子里接受培训；而公司里的客人来到 GE，也不应该让他们住三流酒店。

公司的传统人士显然不能认同韦尔奇，然而他毫不动摇，他的目的就是要在公司里面创造一种一流的家庭般的闲适氛围。他的观点依然鲜明：

"花费数百万美元建设不能直接带出产出的楼房，而把不具竞争力的能生产的工厂关掉。"

1982年，《新闻周刊》成了第一个公开使用"中子弹杰克"这个绰号的出版物，暗暗讽刺杰克·韦尔奇是个一边解雇员工一边修盖宾馆大厦的家伙。然而韦尔奇并没有因为这样而放弃，而是继续坚持他的原则。事实证明他是对的。这也是他执著的表现之一。无论做什么事，只要认准了，他肯定会坚持到最后，而且全身心地投入。

到1980年，如同美国的很多企业一样，GE内部拥有太多的管理层级，它已经变成了一个正规而又庞大的官僚机构。GE有25000多名经理管理者，在这个等级体系中，从基层到杰克之间隔了12个层级之多。有130多名管理人员拥有副总裁或副总裁的头衔。GE在全国设有8个地区副总裁或称"用户关系"副总裁，但这8个副总裁对销售并不直接负责。GE当时的管理结构形成的官僚体制是非常庞大的。

韦尔奇感到通用庞大的官僚体制，他想改变。他成立了一个公司高级管理委员会，希望通过他们的力量能够改变通用的这种体制，然而开始的效果并不如他预料的好。但他并没有放弃，始终坚持。

对于管理层级太多的问题，他也在试图改变，在他担任CEO的时候，几乎每一个重大的资本支出项目都要送到韦尔奇这里等待批准。韦尔奇对此很反感，他废除了此项程序，让企业的每一个领导都拥有来自董事会的明确授权，他们完全可以在授权范围内自主行使自己的权力。韦尔奇的执著不仅表现在他对困难的迎头而上上，对于通用出现的危机他都一一承受。

然而对于事业的执著，并不是说是对于错误事情的坚持，而是能够从中真正去领悟到，对于出现的失误，最大的勇气在于承认与面对。

1984年成功收购业主再保险公司、1985年韦尔奇成功收购RCA后，他似乎有点收不住了。据他后来说，他已经有点目中无人了。于是他不顾董事会的反对，收购了基德公司，没想到这次收购给他带来一次前所未有的打击，让他从自负中清醒。在收购8个月后，基德公司卷入了一桩震动华尔街的前所未有的公共丑闻。基德公司的投资银行家马蒂·西格尔承认出售内部股票信息，以换取成箱的现金。他还承认，基德公司曾经非法获取情报用于交易。这显然影响了收购基德公司的 GE，最后 GE 不得不配合调查，而且为此支付了 2600 万美元的罚金。基德公司之后常年亏损，好不容易整顿刚有起色，1994 年 4 月，一个交易者又卷走了 3.5 亿美元。巨额的损失让韦尔奇痛心疾首，让他后悔不该当初没有听董事会决定。韦尔奇自责不已，他向 GE 的 14 位领导人一一道歉，紧接着他又开始了冷静处理工作，他开始找人卖掉基德公司，终于在 1994 年 10 月他结束了他所谓的人生噩梦。

韦尔奇勇于承认错误，面对失败带来的打击。正因为如此，他的执著显得更加有力量，更加有魅力。

激情是韦尔奇最主要的气质，他无论做什么事情都是激情飞扬。我们每个人都需要激情，因为有了激情，可以让我们保持对事业的长久热爱，让我们精力充沛。

1995 年 4 月的员工调查中发现，质量问题已经为许多员工所担忧。大多数公司一般每 100 万次操作中平均出现差错 3.5 万次，而如果达到了"六西格玛"的质量水平，则生产或服务程序中每 100 万次操作中出现的差错将少于 3.4 次，也就是说，完美率能够达到 99.99966%。当韦尔奇看到"六西格玛"这个新的检验质量标准的优越性时，如同他自己说的："和我们的其他重大创意一样，一旦我们决定启动，我们就会不遗余力的。"1996 年 1 月，他开始正式推出了"六西格玛"计划。他们在第一年共培训了 3 万名员工，在培训方面投入了 2 亿美元，而且还节约了 1.5 亿美元左右的支出。

经过这样的培训，GE 也取得了一些初步的成功。例如，GE 金融服务集团在一年当中收到的抵押客户为 30 万个，其中有 24% 不得不使用声音邮件或二次拨打电话，因为 GE 员工忙不过来或当时不在。经过六西格玛培训，现在第一次拨打电话就能找到 GE 人员的概率达到了 99.9%。因此在第一年，GE 整个公司都应用六西格玛，用于降低成本，提高生产力，调整有问题的工艺流程。到 1997 年，GE 的六西格玛项目由 1996 年的 3000 个上升到 6000 个，也实现了 3.2 亿美元的生产率收入和利润，比原先设定的 1.5 亿美元目标翻了 1 番多。到了 1998 年，GE 通过六西格玛节省了 7.5 亿美元

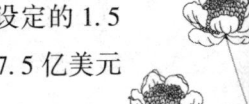

的投资。

　　然而韦尔奇并没有把六西格玛放在简单的应用，他总能善于创新。他把六西格玛上升到了一种理念。于是他在 GE 推广"六西格玛：从客户出发，为客户服务"的口号，让六西格玛直接与客户见面，以帮助他们提高业绩。2000 年，飞机引擎领域在 50 家航空公司做了 1500 个项目，帮助客户获取了 2.3 亿美元的经营利润，医药系统的项目有将近 1000 个，为他们的医院客户创造了 1 亿美元以上的经营利润。

　　对于新兴的商务手段——因特网，韦尔奇一旦看到了，就迅速抓住机会，决不放弃。韦尔奇认为，这种用因特网的买卖方式速度更快，更加全球化，对企业的影响很大。他了解因特网对 GE 的影响，通过电子商务，通用可以扩大市场，找到新的客户。GE 的供货基地可以变得更加全球化。

　　于是他开始行动了。他立即要求通用最高职位的知名领导人去请因特网顾问。到 2000 年，他把这个计划扩大到公司内的 3000 名上层经理。他甚至聘请一位顾问进入 GE 的董事会，他极力推动电子商务，当听到塑料公司改变自己的销售价格管理计划来鼓励网上销售，并在各地区设置了全职电子商务专家，从而使得客户可以放心地在网上采购。他积极向管理班子打电话、发电子邮件，让他们学习。

　　终于 GE 的电子商务创意产生了许多经商的新方法。塑料公司将电子探测器装在部分主要客户的仓库，当缺货时它们会自动向 GE 的库房发出警告，通过因特网发出新的添货订单。GE 金融服务集团用网络来监测某个贷款客户收入报表的日常现金流动情况。如果该客户可能出现资金短缺情况，公司就会立刻知道，从而减少了潜在亏损的危险。现在，GE 大多数企业领导的电脑屏幕上都有电子报表，实时更新所有重要数据，以帮助他们管理企业。

　　每个星期五，高级管理层的所有人都能够共享 GE 最大的 22 个企业在采购、销售和制造方面的数字。这些数字是一个缩影，表示的是每一个企业在网上采购了什么，进行了多少次拍卖活动，拍卖中价格下调了多少，以及当年的目标是什么或提高到什么程度。这些每周的数字非常直观，能够激励每一个人工作得更加勤奋。

杰克就是这样，在过去的日子里，他总是在做自己想做的事情，他善于创新，他不停超越自己。最后，杰克对于事业的执著来自于以下几个方面的优点：第一是自信。杰克认为，傲慢自大是致命的，充满野心也一样。自大和自信有明显的区别。拥有正当的自信会在竞争中获胜，判断是否自信的标准是有没有勇气敞开胸怀，不论来源于何处，只要是有意义的变动和新的思想都能接受。自信的人也敢于面对别人在观点上的挑战。他们喜欢那些丰富思想的智慧碰撞，他们决定了一个企业的开放性和兼容性。第二是热情。"对我来说，极大的热情能做到一美遮百丑。如果有哪一种品质是成功者共有的，那就是他们比其他人更在乎。没有什么细节因细小而不值得去干，也没有什么大到不可能办到的事。"也许就是这两点，让杰克一直可以那么执著下去。

人生感悟

人应该像宇宙中的恒星一样，有目标，有方向，有理想，有追求。只要自己觉得是对的，就要照自己的想法尽力去做，而不管别人如何评论。

消极导致平庸无为

生活中，失败平庸者多，主要是心态观念有问题。遇到困难，他们只是挑选容易的倒退之路。而成功者遇到困难，怀着挑战的意识，想尽办法，不断前进，直至成功。

在推销员中，广泛流传着一个这样的故事：两个欧洲人到非洲去推销皮鞋。由于炎热，非洲人向来都是打赤脚。第一个推销员看到非洲人都打赤脚，立刻失望起来。"这些人都打赤脚，怎么会要我的鞋呢？"于是放弃努力，失败沮丧而回。另一个推销员看到非洲人都打赤脚，惊喜万分："这些人都没有皮鞋穿，这皮鞋市场大得很呢。"于是想方设法，引导非洲人购

买皮鞋，结果发大财而回。

这就是一念之差导致的天壤之别。同样是非洲市场，同样面对打赤脚的非洲人，由于一念之差，一个人心灰意冷，不战而败；而另一个人信心满怀，大获全胜。

要改变失败的命运，就要改变消极错误的心态。永远记住一念之差决定成败。

美国人际关系学家卡耐基曾讲过一个故事，对我们每个人都有启发：塞尔玛陪伴丈夫驻扎在一个沙漠里，她丈夫奉命到沙漠里去演习，她一人留在陆军的小铁皮房子里，大气热得受不了——在仙人掌的阴影下也是华氏125度。没有人与她交流，只有墨西哥人和印第安人，而他们不会说英语。她太难过了，就写信给父母，说要丢开一切回家去。她父亲的回信只有两行，这两封信却永远留在她心中，完全改变了她的生活：

"两个人从房中的铁窗望出去，

一个看到沙砾，一个却看到星星。"

塞尔玛一再读这封信，觉得非常惭愧。她决定要在沙漠中找到星星。

塞尔玛开始和当地人交朋友，他们的反应使她非常惊奇，她对他们的纺织、陶器表示感兴趣，他们就把最喜欢舍不得卖给观光客人的纺织品和陶器送给了她。塞尔玛研究那些引人入迷的仙人掌和各种沙漠植物，又学习有关土拨鼠的常识。她观看沙漠日落，还寻找海螺壳，这些海螺壳是几万年前、这沙漠还是海洋时留下来的……"原来难以忍受的环境变成了令她兴奋、流连忘返的"快乐的城堡"。

是什么使这位女士内心有了这么大的转变？

沙漠没有改变，印第安人也没有改变，但是这位女士的念头改变了，心态改变了。一念之差，使她把原先认为恶劣的情况变为一生中最有意义的冒险。她为发现新世界而兴奋不已，并为此写了一本书，以《快乐的城堡》为书名出版了。她从自己造的"牢房"里看出去，终于看到了星星。

> 成功者从成功中获得更多的信心，失败者从失败中得到更多的害怕和借口。积极行动的积累，可以造就伟大的成功；消极言行的累积，足以让人万劫不复。

守住自己的心态

当快乐与烦恼受外界环境左右时，受此影响的人常常表现喜怒无常，常让别人束手无策，别人只好对他避而远之。结果使他的心情很压抑、沉重，更加苦恼、烦躁。他十分想得到帮助。

其实，这样的苦恼仍需自己解决。问题的症结就在于认知评价系统如何对外界刺激应答和选择。古代有这样一个故事：

有位学者向南隐问禅学，南隐以茶相待，他将茶水倒入杯中，茶满了，但他还是继续地倒，学者说："师傅，茶已满出来了，不要再倒了。"南隐说："您就像这茶杯一样，里面装满了您自己的看法和观点。您若是不首先把您自己的杯子倒空，叫我如何对您说禅，只有心虚才能容道。"可见，您如果心中有自己的成见，认为人们不可能征服烦恼，那么，就听不见别人的箴言了。

人，一旦降临这个世界，便陷入动荡不定的境遇之中，悲哀、愤怒、忧虑、愧疚和烦恼可能会不间断地困扰着每个人，给人们的精神套上沉重的枷锁。面对现实的挑战，您能抵御消极情绪的袭击吗？您能征服烦恼吗？您能够主宰自己吗？回答是肯定的。只要您相信：问题的症结就在于您的认知评价系统。

很多人都认为，生活的快乐与否，完全取决于外界刺激的大小，刺激大，烦恼大；刺激小，烦恼小。听起来似乎很有道理。其实这中间忽视了一个关键问题，就是您自己头脑的加工。例如，面对火车晚点这一不良刺

激，有的人大发雷霆，急得团团转，焦躁上火；有的人到服务部买点东西吃，坦然等待，有的人坐在候车室给朋友写封信，充分利用时间。很明显，这3种不同的反应，绝不是由外界刺激的大小决定的，而是由他们对同一刺激的不同态度决定的。火车晚点绝不会因为你大发雷霆而改变。可见，仅仅是环境并不能使我们快乐或不快乐，而是我们对外界环境刺激反应的选择。也就是说，事件本身没有压力，它们是否使我们感到紧张、有压力在于我们以什么样的思考方式和方法看待它们。玩玩滑车道，对一些人来说，是痛苦，对另一些人来说，却是令人快乐的刺激。如果您选择悲伤的事，浑身会充满凄凉的感觉；如果您选择恐惧的事，您会感到毛骨悚然，浑身冒冷汗；如果您选择生病的事情来思考，自然会愁容满面；如果您选择令人喜悦的事情来思考，定是眉飞色舞；如果您毫无信心，失败会接踵而来……

总之，我们必须运用自己自由选择的权利。作为自己生活的"总统"，你每天、每个小时都可以作出自由的选择。我们每个人都能顶得住灾难和烦恼。

 **人生感悟**

当扫兴、生气、苦闷和悲哀的事情临头时，可以暂时回避一下，努力把不愉快的思路转移到高兴的思路上去。

快乐是人的天性

真正的快乐，不是用金钱和权势换来的，有钱有权的富贵们，不一定人人都快乐，个个都会领略生活的乐趣。

现代人越来越重视对金钱、权势的追求和对物质的占有，殊不知金钱和权力固然可以换取许多享受的东西，可不一定能获取真正的快乐。

钱越多的人，内心的恐惧感越深重，他们怕偷，怕抢，怕被绑票。权势越大的人，危机感越强烈，他们不知何时丢了乌纱帽，不知何时遭人陷害，时时小心，处处提防，惶惶然终日寝食难安。恐惧的压力，造成心理变态失衡。

过去有个大富翁，家有良田万顷，身边妻妾成群，可日子过得并不开心。而挨着他家高墙的外面，住着一户穷铁匠，夫妻俩整天有说有笑，日子过得很开心。

一天，富翁的老婆听见隔壁夫妻俩唱歌，便对富翁说："我们虽然有万贯家产，还不如穷铁匠开心！"富翁想了想笑着说："我能叫他们明天唱不出声来！"于是拿了家里所有的金条，从墙头上扔过去。打铁的夫妻俩第二天打扫院子时发现不明不白的金条，心里又高兴又紧张，为了这两根金条，他们连铁匠炉子上的活也丢下不干了。男的说："咱们用金条置些好田地。"女的说："不行！金条让人发现，会怀疑我们是偷来的。"男的说："你先把金条藏在炕洞里。"女的摇头说："藏在炕洞里会被贼娃子偷去。"他俩商量来，讨论去，谁也想不出好办法。从此，夫妻俩吃饭不香，觉也睡不安稳，当然再也听不到他俩的欢笑和歌声了。富翁对他老婆说："你看，他们不再说笑，不再唱歌了吧！"而富翁却因家里再也没有金条，不用防备盗贼，心里变得轻松起来，他们夫妻都能每天都有好心情唱歌了。看，开心就是如此简单。

铁匠夫妻俩之所以失去了往日的开心，是因为得了不明不白的两根金条，为了这不义之财，他们既怕被人发现怀疑，又怕被人偷去，有了金条不知如何处置，所以终日寝食难安。

现实生活中也是如此，有些大款虽然守着一堆花花绿绿的票子，守着一幢豪华的洋房，守着一位貌合神离的天仙，未必就能咀嚼到人生的真趣味。

开心不开心同样也不能用手中的"权"来衡量。有了权，未必就能天天开心。我们时常看见有些弄权者，为了保住自己的乌纱帽，处处阿谀奉迎，事事言听计从，失去了做人的尊严，哪里还有什么真正的开心？

有的人利用手中的权，拿公款大吃大喝，游山玩水，上歌厅舞厅泡妞，虽然获得了一时的感官刺激，找到了一时的开心，但却给自己带来了诉不

完的懊悔。他们就像德国诗人歌德笔下的浮士德，拿自己的灵魂去换取一段开心快乐的时光，结果变成了傻瓜，他们最后失去的不仅仅是快乐和开心。

俄国诗人涅克拉索夫的长诗《在俄罗斯，谁能幸福和快乐》，诗人找遍俄国，最终找到的快乐人物竟是枕锄瞌睡的农夫。是的，这位农夫有强壮的身体，能吃能喝能睡，从他打瞌睡的眉目里和他打呼噜的声音中，无不飞扬和流露出由衷的开心。这位农夫为什么能开心？不外乎两个原因，一是知足常乐，二是劳动能给人带来快乐和开心。

法国杰出作家罗曼·罗兰说得好："一个人快乐与否，决不依据获得了或是丧失了什么，而只能在于自身感觉怎样。"

有的人大富大贵，别人看他很幸福，可他自己身在福中不知福，心里老觉得不痛快；有的人，别人看他离幸福很远，他自己却时时与快乐邂逅。

有对下岗的年轻夫妇，在早市上摆个小摊，靠微薄的收入维持全家 5 口人的生活。这夫妻俩过去爱跳舞，现在没钱进舞厅，就在自家屋子里打开收录机转悠起来。男的喜欢喂鸟，女的喜欢养花。下岗后，鸟笼里依旧传出悦耳动听的鸟鸣声；阳台上的花儿依旧鲜艳夺目。他俩下了岗，收入减少了许多，还乐个不停，邻居们都用惊异的目光看着他俩。

给予是快乐的源泉。所谓"给予"，它包含付出金钱、时间、兴趣或忠言，或者任何由你能给予他人，且对他们有利的东西。你自己付出了，但实际上这些付出能帮助你发现自己。这项原则听起来很奇怪，但却是真的。付出最多的人，获得的也最多。

寻求人生乐趣的法则是：知道你在生活中会遇到困难、悲伤和恶劣的情形，但深信自己可以克服它们。这种快乐是无价的，这便是我们先前提到的人生的快乐。

有时，一个又一个的打击可能会"打掉了你的生机和活力"。这句话很现实，你可能已如行尸走肉，不断的打击使你感到几乎已穷途末路，你已无法再站起来奋斗，只能爬行，而不敢勇敢地站起来，以智慧和力量去解决困难。对于这样的懦夫来说，人生当然没有什么乐趣。失败总是让人不愉快。只有能应付人生中大大小小难题的人，才能得到大量的人生乐趣。

安妮·谢尔太太便是采用积极心态，通过积极思维摆脱忧伤的一个很好的例证。

谢尔先生是当地一家著名宾馆的经理。几个月后，谢尔先生突然去世，而谢尔太太继续留在那家旅馆，在一位新来的经理手下以女主人的身份工作。不久，人们就发现她已摆脱了悲伤情绪。显然，她内心的平静源于一种深深的力量。

朋友们都说："你回去工作，使自己有事干是正确的决定。"

谢尔太太的回答包含着如何处理悲伤的不寻常的哲学："事实上，我的心情能够变好，并不是因为我回去工作。工作并非治疗剂，它只是麻醉剂。它只会使我对悲伤麻木，却不能治疗我的心病，是信仰让我完全康复的。"她的看法真是精辟，工作只能使人对悲伤感到麻木，却无法起任何治疗作用，唯有信仰能使人康复。当我们遭受巨大的心灵创伤的折磨时，我们当然不会真正感到快乐。

人生感悟

我们虽然无法改变我们的境况，但我们可以改变自己的心态。没了工作不要紧，但不能没有快乐，如果连快乐都失去了，那活着还有什么意义。

完善自己能超越自卑

一个女孩这样回忆自己。

高中3年的自卑情形至今历历在目，当然现在看起来似乎有些可悲可笑。这一段痛苦的经历使我深深地体会到，自卑是阻碍前进的大敌，是走向成功的绊脚石。它有如一味腐蚀剂，麻醉人的意志，瓦解人的斗志，让人不战自溃，无心进取。但有意思的是，无论是在初中、高中还是大专，我都遇到过有自卑情绪的同学和朋友：有的因学习成绩不理想而抬不起头，

心态决定命运

心情压抑；有的为生活条件不如人而觉得低人一等；有的为自己外貌上的缺陷而伤心；如果不正视自卑情绪，并努力战胜和克服它，要想做出一番事业，顺利到达成功的彼岸是很难的。

大专的3年，是我克服自卑、超越自卑的3年。这期间，我有意识地剖析自己的性格特点，有针对性地采取措施克服自卑的灰暗心理，强化自己的自尊心和自信心，树立积极进取的健康心态，逐渐找回了失去的自我。因为克服了自卑心理，这世界重新对我绽开了笑脸。

超越自卑，首先要正确地认识自己和评价自己。"尺有所短，寸有所长"，每个人都是既有优点、又有缺点的。自卑者要学会正确看待自己的优缺点，努力发现自己的可爱之处，学会欣赏自己的优点和长处。我们班的小海同学原来总因自己太普通、不受重视而自卑。有一天，学校组织为一个身患绝症的同学募捐，小海毫不犹豫地走上前去，倾其所有，引来同学们又惊讶又敬佩的目光，大家好像是第一次认识他。小海回到宿舍哭了。他后来告诉我，他根本没想过要表现自己，却意外地发现了连自己也不曾注意到的闪光点。他逐渐明白了，要想得到别人的青睐和欣赏，首先要发现自己；要想走出平庸和自卑，首先要肯定自己。凭着这种悟性，他走出了自卑的怪圈，学习成绩不断提高，进而赢得了老师和同学们的喜欢。

超越自卑，要扎根于现实土壤，确立合适的奋斗目标。如果你一向不善言谈，而期望自己明天在辩论会上成为一个口舌如簧的雄辩家；你生性腼腆，却期望自己在周末的文艺晚会上一鸣惊人，那你注定要饱尝受挫的滋味。

上大专之初，我也曾犯过这样的毛病。后来我针对自己生性腼腆的弱点，下定决心改掉它，向老师主动要求在班会时承担为全班同学读报的任务。要知道，跨出这一步多么不容易，原来我可是个和别人说话就脸红、非常自卑的女孩子啊！我第一次上讲台的时候，同学们都诧异地看着我，待明白了老师的意图后，都对我投以信任和鼓励的目光。虽然最初也不免慌张，但时间一长，我慢慢就习惯了。同学们都说我变化太大了。我也发现这对于我树立自信心，改变原有的自卑心理大有裨益。就是凭这一次次小小的成功，我最终战胜了自己。

超越自卑，还要学会科学的比较。我发现自卑的同学老喜欢把自己和他人比较，这本来无可厚非，但关键是要学会掌握正确的比较方法，建立合适的参照系。习惯于用自己的缺点与别人的优点比，以己不足和他人之长相对照，肯定只会长他人志气，灭自己的威风，最终落进自卑的泥潭，失去前进的动力。当然，也不能从一个极端走向另一个极端，老是用自己的长处去比别人的短处，这样容易唯我独尊，总觉得你比别人高出一筹，产生洋洋自得、不可一世的心理。这两种情况都是阻碍成功的大敌，需要我们在成长的过程中予以重视。既不要因与他人比较而失去信心，也不要因此而沾沾自喜。通过科学的比较，要能发现自身的长处，明了自身的欠缺与不足，比出信心，比出勇气，为自己的成功增添动力。

超越自卑，就要根据自己的欠缺与不足，有意识地加以改进，努力使自己成为一个全面发展的人。大凡在事业上作出突出成绩的人，在这方面都是做得很好的。日本前首相田中角荣天资聪颖，但中学时患有口吃的毛病，给他带来巨大的苦恼，他因此变得自卑、羞怯和孤僻。有一次上课，他的同桌捣乱，教师误以为是田中干的，当田中站起来辩解时，竟面红耳赤说不清楚，老师更加认定是他做错了又不承认，别的同学也嘲笑起来。这件事对田中刺激很大，他回到家，分析自己口吃的原因主要还是源于个人的自卑。从此，他时时鼓励自己在公共场合发言，主动要求参加话剧演出，并经常练习，终于克服了口吃的毛病，为他走上职业政治家的道路奠定了基础。

清醒地认识自己，保持一份不满足感，别把时间浪费在自卑的嗟叹中，而致力于完善自我、不断前进的努力中，这样，我们就会感到：自卑并非不可战胜。

 **人生感悟**

一个人要想完善自己，就得超越自己，超越自卑。我们只有正确地认识了自己，了解了自己，才能找到自信，战胜自卑。

心态决定命运

付出是最大的满足

给予和付出，是最大的满足。

有这样一个故事：

一个男子坐在一堆金子上，伸出双手，向每一个过路人乞讨着什么。

吕洞宾走了过来，男子向他伸出双手。

"孩子，你已经拥有了那么多的金子，难道你还要乞求什么吗？"吕洞宾问。

"唉！虽然我拥有如此多的金子，但是我仍然不满足，我乞求更多的金子，我还乞求爱情、荣誉、成功。"男子说。

吕洞宾从口袋里掏出他需要的爱情、荣誉和成功，送给了他。

一个月之后，吕洞宾又从这里经过，那男子仍然坐在一堆黄金上，向路人伸双手。

"孩子，你所求的都已经有了，难道你还不满足么？"

"唉！虽然我得到了那么多东西，但是我还是不满足，我还需要快乐和刺激。"男子说。

吕洞宾把快乐和刺激也给了他。

一个月后，吕洞宾从这里路过，见那男人仍然坐在那堆金子上，向路人伸着双手——尽管有爱情、荣誉、成功、快乐和刺激陪伴着他。

"孩子，你已经拥有了你所希望拥有的，难道你还乞求什么吗？

"唉！尽管我已拥有了比别人多得多的东西，但是我仍然不能感到满足，老人家，请你把满足赐给我吧！"男子说。

吕洞宾笑道："你需要满足么？孩子，那么，请你从现在开始学着付出吧。"

吕洞宾一个月后从此地经过，只见这男子站在路边，他身边的金子已经所剩不多了，他正把它们施舍给路人。

他把金子给了衣食无着的穷人，把爱情给了需要爱的人，把荣誉和成

功给惨败者，把快乐给了忧愁的人，把刺激送给了麻木不仁的人。现在，他一无所有了。

看着人们接过他施舍的东西，满含感激而去，男子笑了。

"孩子，现在，你感到满足了么？"吕洞宾问。

"满足了！满足了！"男子笑着说，"原来，满足藏在付出的怀抱里啊。当我一味乞求时，得到了这个，又想得到那个，永远不知什么叫满足。当我付出时，我为我自己人格的完美而自豪、而满足，为我对人类有所奉献而自豪、而满足，为人们向我投来的感激的目光而自豪、而满足"。

 **人生感悟**

> 满足是人生追求的最高境界，只有给予和付出，才能达到这一境界。不然的话，即使拥有全世界也还不会有满足。

贪婪是罪恶的源泉

一个贪得无厌的人，给他金银还怨恨没有得到珠宝，封他公爵还怨恨没封侯，这种人虽然身居豪富权贵之位却等于自愿沦为乞丐；一个自知满足的人，即使吃粗食野菜也比吃山珍海味还要香甜，穿粗布棉袍也比穿狐裘貂裘还要温暖，这种人虽然身为平民，但实际上比王公更快乐。

古代有个隐士叫荣启期，穷得90岁还没有一条腰带，用野麻搓一条绳子系腰，但他从容潇洒地弹琴。孔子的学生原宪的衣服补丁摞补丁，脚上的鞋也是前后都是窟窿，可他仍然悠闲地唱歌。古希腊哲学家拉尔修，笑容一直挂在脸上，他完全没有什么享受的欲望，当他看见一个小孩在河边用双手捧水喝，喝得甜滋滋的样子，他干脆把自己仅有的一个饭碗也扔掉了。

不去掉欲望就不会知足，一个过于贪婪的人永不会满足。时时处在渴求和痛苦之中，腰缠万贯的富翁可能还是若有所失；仅能免于饥寒的人也可能觉得样样不缺。从心里感觉来说，真富不一定要钱多，只要知足就绰

心态决定命运

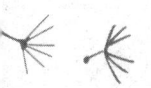

有余裕了。

俗话说："人心不足蛇吞象。"下面是眼前国际政治中最典型的贪得无厌而招祸的例子。

韩国前总统卢泰愚从1988年至1993年执政5年期间，充分利用职权蓄积、贪污政治资金多达5000余亿韩元（约800韩元合1美元），下野前夕，将剩余的政治资金用化名分别存入20多家银行，据为己有。1995年8月初，韩国前内阁成员总务处长官徐锡宰与一些新闻界的朋友在汉城市一家餐馆饮酒，酒后吐真言，将这秘密泄露。在野的民主党穷追不舍，私下进行调查、掌握了大量证据，卢泰愚被打入监狱，等待法律的最终判决。

韩国经济是从20世纪60年代开始发展起来的，到80年代末，韩国一直推行"政府主导下的官民结合"的经营体制。政府有权对特定领域和企业提供特惠，政府控制着国有企业和金融机构。在这一原则的支配下，各大财团纷纷想方设法靠近政府、寻找保护伞，总统或执政党负责人只要一开口，有关企业主马上就会把钱送到手里。作为回报，政府将某项建设项目指定给那个财团或企业，这个财团或企业就会赚一笔大钱。卢泰愚正是利用手中的大权先后向现代、大宇、三星、鲜京、起亚等韩国30家大财团秘密索取政治资金达5000余亿元。

在证人、证据面前，卢泰愚不得不承认他的犯罪事实，并在记者招待会上流下了眼泪。接受传讯后回到住宅，他问他的医生："有没有一种药服后可以一睡不醒，我真不想活了！"但是正如韩国报纸所强调的那样"眼泪不会获得国民的同情"。

这件事在韩国影响是极其恶劣的。就在卢泰愚认罪的当天晚上，汉城市民在愤怒之余，借酒消愁，从1995年10月27日下午7时到28日凌晨2点的7个小时里，政府机关及企业的职员们下班后都不回家，涌进汉城酒馆饮酒，以解除心中的苦恼，因酒后驾车被拘留者多达160余人，相当于6、7两个月全国酒后驾车被拘留的总和，当问及他们为什么酒后驾车时，回答说："对国家的前途失去信心。"

卢泰愚说他领到的薪金不够开销，那么韩国总统的月薪到底是多少呢？韩国法律规定，退职总统的月薪标准是现职总统的95%。发放项目包括：

基本工资加职务津贴再加辛劳津贴350万韩元；另外还有车辆费、社会活动费、办公费等约400万韩元，每月共计可领取750~800万韩元（约合1万美元）。而1995年韩国规定城市居民月平均生活费为160万韩元，比较之下，下野总统的薪金是相当高的了。

有这么高的工资收入还不知足，沦为阶下囚也就怪不得别人了。真可谓"一念贪私，万劫不复"。

人生感悟

> 贪欲会使人的精力和体力双重透支。放下贪欲，追求平实简朴的生活，是获得快乐的最简单的方法。

心态平和的处世之道

三伏天，禅院的草地枯黄了一大片。"快撒点草种子吧！好难看哪！"小和尚说。

师父挥挥手："随时！"

中秋，师父买了一包草籽，叫小和尚去播种。

秋风起，草籽边撒、边飘。"不好了！好多种子都被吹飞了！"小和尚喊。

"没关系，吹走的多半是空的，撒下去也发不了芽。"师父说："随性！"

撒完种子，跟着就飞来几只小鸟啄食。"要命了！种子都被鸟吃了！"小和尚急得跳脚。

"没关系！种子多，吃不完！"师父说："随遇！"

半夜一阵骤雨，小和尚早晨冲进禅房："师父！这下真完了！好多草籽被雨冲走了！"

"冲到哪儿，就在哪儿发芽！"师父说："随缘！"

一个星期过去了。原本光秃的地面，居然长出许多青翠的草苗。一些原来没播种的角落，也泛出了绿意。

小和尚高兴得直拍手。

师父点头："随喜！"

随不是跟随，是顺其自然，不怨恨、不躁进、不过度、不强求。

随不是随便，是把握机缘，不悲观、不刻板、不慌乱、不忘形。

不要幻想生活总是那么圆圆满满，也不要幻想在生活的四季中享受所有的春天，每个人的一生都注定要跋涉沟沟坎坎，品尝苦涩与无奈，经历挫折与失意。

在漫漫旅途中，失意并不可怕，受挫也无需忧伤。只要心中的信念没有萎缩，只要自己的季节没有严冬，即使风凄厉冷，即使大雪纷飞。艰难险阻是人生对你另一种形式的馈赠，坑坑洼洼也是对你意志的磨砺和考验。落英在晚春凋零，来年又灿烂一片；黄叶在秋风中飘落，春天又焕发出勃勃生机。这何尝不是一种达观，一种洒脱，一份人生的成熟，一份人情的练达。

这种洒脱人生，不是玩世不恭，更不是自暴自弃，洒脱是一种思想上的轻装，洒脱是一种目光的朝前。有洒脱才不会终日郁郁寡欢，有洒脱才不觉得人生活得太累。

懂得了这一点，我们才不至于对生活求全责备，才不会在受挫之后彷徨失意。

懂得了这一点，我们才能挺起刚劲的脊梁，披着温柔的阳光，找到充满希望的起点。

一个人的性格，往往在大胆中蕴涵了鲁莽，在谨慎中伴随着犹豫，在聪明中体现了狡猾，在固执中折映出坚强，羞怯会成为一种美好的温柔，暴躁会表现一种力量与激情，但无论如何，心平气和，对于任何人，都会赋予他们一种完美的色彩。心平气和是一种健康的待人处事的方式，也是一种良好的人生态度。

 **人生感悟**

摆正好了自己的心情，我们便会在一个愉悦轻松的环境中生活、工作，我们会感觉到每天都阳光灿烂，从而能完全地放松身心。

只有知足者才能常乐

知足者常乐也，而其终身不辱也。人性中很多失败的例子是不知足所导致的。

记得台湾的一位大学校长在新生接待会上问了一个这样的问题："同学们，你们快乐吗？""快乐！"下面的同学立即欢呼起来。"好，好，我的话到此结束。"大家惊愕了半天，然后才恍然大悟，顿时掌声大作。这位颇有风趣的校长其实是很了解学生心理的，也很了解人的心理。他认为人的根本目的是追求快乐，而如果大家都很快乐，自己就不必再扫别人的兴了。因此，这位校长的做法很高明。

快乐是一种什么样的心境呢？或者说快乐到底是什么样子呢？这个问题，也许很难说清楚。但有一点必须肯定，快乐是很主观的，一个人的快乐他人是看不见的，只有通过他的表现和行为举止才有所了解。一个人认为是快乐的事，而另一个却未必认为快乐。总之，快乐是很奇怪的，因人而异，因事而异，这种东西很大一部分完全是一种心理上的满足。

追求快乐是人性之一。哪个人不愿自己生活得快乐点？有人说人生来都是痛苦的，哪有快乐可言？但也没人说人生来都是快乐的呀！正因为人生多痛苦，所以追求快乐才是我们应该努力的一个方向！人生活的根本目的是什么呢？可以归根到底是为了"快乐"二字。成功的事业、富足的家产、自我实现……都是为了最终的快乐。快乐是一副润滑剂，有了它你的生活将会光滑许多，没有它，你前进的道路上谁能想到又会有多少障碍和阻力？人生至多也不过百年，匆匆之后便成为过客。

快乐的反面是痛苦。痛苦何来呢？人生来就是要追求快乐的，生来便具有各种欲望。这些需要和欲望应该是得到满足的，而一旦得不到满足，是于理想和现实之间出现差距时，人的需要便产生了匮乏，也产生了痛苦。痛苦无时不在，无处不有，它像恶魔一样折磨着我们，企图使我们拜倒在它的脚下。而人越是痛苦，才越觉得快乐的可贵，才会拼命地去追求快乐。

心态决定命运

当他得到了新的快乐，新的痛苦又产生了；痛苦是没有止境的，因为人的欲望更是无止境的。那么，我们是不是就应该说不去追求快乐了呢？不，快乐是能追求到的，尽管人的欲望无穷，只要我们能知足，便能常乐。

知足的人即满足于自我的人，知足者能认识到无止境的欲望和痛苦，于是就干脆压抑一些无法实现的欲望，这样虽然看起来比较残忍，但它却减少了更多的痛苦。在能实现的欲望之内，他拼命为之奋斗，一旦得到了自己的所求，快乐便油然而生，每上进一个台阶，快乐的程度也会上进一个台阶。只有经常知足，在自我能达到的范围之内去要求自己，而不是刻意去勉强自己，去强迫自己，而是自觉地知足，心平气和去享受独得之乐。

在人生之中，旅程不会是一帆风顺的，处处有坎坷、崎岖，甚至是悬崖，痛苦更是无穷无尽。难道我们非要一味地求苦而将快乐置于身边而不顾吗？这是生活的根本目的吗？不，绝不是。也许有人会说："不吃苦中苦，那熬人上人？"那么，什么才算"人上人"？人与人之间可比吗？

竞争，使得我们每个人都为了眼前的利益而奔走忙碌，丝毫不敢有所懈怠，这是很正常的。于是，我们攀比，希望在各个方面都超过自己周围的人，当超过了自己周围的人我们还想再超过其他更远的人，我们还想样样争第一。我们也不想一想，一个人以有限的精力能实现他所有的梦吗？不可能，这注定了他的大多数梦是会化为肥皂泡的。这样，盲目的攀比，其结果只能使自己更加地痛苦，而仍一无所得。人为什么总这样独断？为什么不允许别人超过自己呢？别人也是人嘛！我们没有理由光相信自己的力量，我们没有理由不让别人超过我们，我们甚至没有理由去怀疑别人。我们应该拥有自我，去安静地生活，干自己该干的事情，做自己喜欢的工作，在自己的范围内寻找有意义的事情，去和对手竞争，一步一步向高的阶层攀登。这样，我们便能在人生的每一步成长的过程中，体验到自我实现和成长的足迹，同时也会体会到自我奋斗的快乐！

一位西方哲人说过，成功是没有标准的。只要我们尽了我们的力量，发挥了我所有的潜力，而且尽了所有的财力和物力，这样，尽管结果仍不是最优秀的，仍不失为一种成功。因为成功并不意味着都是第一，结果在有的领域是主要的，而过程则自有它的魅力之处。我们重复结果，并不是说我们不要过程，结果给人带来的快乐只是暂时的，而过程给我们带来的快乐的回忆则是无尽的和永恒的。

人生感悟

> 知足的人，往往比其他人过得充实，过得快乐。人生中有很多失败的例子都是由于不知足而造成的。因为人类社会是复杂的，并不是一个人所能左右得了的。

学会不断地激励自己

"加油！加油！"这是我们常在运动场上听到的一句话。呼喊的人心潮澎湃，听到的人热血沸腾。这是对奋斗的鼓舞，这是对成功的鞭策。我们在人生的道路上，也应给自己喊几声"加油"。

有人把人生的奋斗道路比作方程式赛车大赛，那么，中学时期无疑是这比赛起始阶段的关键一环。这个时期，你有着很多希望，有着很多精力，有着很强的冲劲，有着很大的潜力。这个阶段，你要看好路图，把稳舵盘，加大油门，一往无前。冲到第一队列中去，应该是你奋斗的目标；在竞争中不掉队，应该是你起码的誓言。这个时期，你的生命之车正新，青春马达正劲，奋进的车轮正疾，拼搏的能源正足。正是：此时不搏，更待何时！既然你已经懂得了人生只有一次，那么，你就没有理由只作路边的看客，而应该像雏凤凌空、白驹越溪一样，义无反顾地投身到锻炼自己、完善自己的竞争和挑战中去。"给自己加把油吧！"——这是我们应该常在内心呼喊的话语。

"给自己加把油"，是因为成功的路要靠自己去走。"条条大路通长安"也好，"条条大道通罗马"也好，总归要靠你自己迈动双腿，抖擞精神，跋山涉水走过去。神话中的"飞毯"不能帮你走过去，现代化的飞机也不能帮你走过去。因为奋斗的汗水是不能代洒的，成功的奖章也是不能代领的。

你知道张骞通西域，是穿越大漠风沙一步步走过来的；你知道唐僧取经，是历尽艰险一步步走过来的；你也知道红军长征，是爬雪山过草地一步步走过来的。世界上有些事情可以请人代劳，而有些事情却是无法请人代替的。人生之旅、奋斗之途、成功之路，是寻不到帮办，觅不到替身，找不到代理的。

"给自己加把油"，因为成功的路并不平坦、并不笔直，而且常有坎坷、常有崎岖。有平川，也有低谷；有高山，也有密林；有旱路，也有水路；有坦途，也有险区。路好走时，你要快马加鞭，日夜兼程；路难行时，你要开路架桥，披荆斩棘。有时你和路人同行，可以戮力通险，共渡迷津；有时你只是孤身一人，也应一鼓作气。你知道孔子周游列国，曾经"困于陈蔡之间"，但妨碍不了他的学说播布天下；你知道屈原流放汨罗，仍然"虽九死而不悔"，用剥夺不了的才华留下传世之作《离骚》；你知道毛泽东带队伍上井冈山，"敌军围困万千重，我自岿然不动"，终于迎来革命形势的转机，使中国革命的"星星之火"成为"燎原"之势；你知道鲁迅捍笔斗群顽，"横眉冷对千夫指"，才成就了新文学的巨匠、新文化的先驱。奋斗的路尽管不平坦，但也并非"蜀道之难难于上青天"，"愚公移山"的决心和行动终能感动"上帝"，你的坚定步履也终将叩响成功的门扉。

 **人生感悟**

> 给自己加把油，提高自己的信心，增强自己的勇气，保持冲劲，勇往直前！

在失败面前不气馁

美国玛丽·凯化妆品公司的董事长叫玛丽·凯，在创业之初，她历经失败，承受了痛苦，走了不少弯路。然而，她从来不灰心，不泄气，最后终于成为一名大器晚成的化妆品行业的"皇后"。

20世纪60年代初期，玛丽·凯已经退休回家。可是过分寂寞的退休生活使她突然决定冒一下险。经过一番思考，她把一辈子积蓄下来的5000美元作为全部资本，投资创办了玛丽·凯化妆品公司。

为了支持母亲实现"狂热"的理想，两个儿子也"跳往助之"，一个辞去一家月薪480美元的人寿保险公司代理商，另一个也辞去了休斯敦月薪750美元的职务，加入到母亲创办的公司中来，宁愿只拿250元的月薪。玛丽·凯知道，这是背水一战，是在进行一次人生的大冒险，弄不好，不仅自己一辈子辛辛苦苦积蓄将血本无归，而且还可能葬送两个儿子的美好前程。

在创建公司后的第一次展销会上，她隆重推出了一系列功效奇特的护肤品，按照原来的想法，这次活动会引起轰动，一举成功。可是，"人算不如天算"，整个展销会下来，她的公司只卖出去1.5美元的护肤品。

意想不到的残酷失败使她控制不住失声痛哭。

回到家后，玛丽·凯对着镜子反问自己："玛丽·凯，你究竟错在哪里？"

她经过认真的分析，终于悟出了一点：在展销会上，她的公司从来没有主动请别人来订货，也没有向外发订单，而是希望女人们自己把钱送上门来买东西。难怪在展销会上落到如此的后果。

商场就是战场，从来不相信眼泪，哭是不会哭出成功来的。

玛丽·凯擦干眼泪，从第一次失败中站了起来，在抓生产管理的同时，加强了销售队伍的建设。

经过20年的苦心经营，玛丽·凯化妆品公司由初创时的雇员9人发展到现在的5千多人；由一个家庭公司发展成为一个国际性的公司，拥有一支20万人的推销队伍，年销售额超过3亿美元。

玛丽·凯终于实现了自己的梦想，她的胆识引起了人们的很大兴趣。

遇到不顺利的事情，不要找理由推卸自己的责任。事实上做事不顺利一定是有原因的。如果能事先察觉各种造成困难的原因，并予以排除，就不至于发生问题了。很多事情的失败，往往是因为忽略了该做的事，或是即使注意到也没有去做。

失败很难避免，怕的是失败了一蹶不振。所以，如果遭遇挫折，该反省的是自己，而不应把失败归咎于别人。

 **人生感悟**

> 任何人都可能失败：很多人失败了就"偃旗息鼓"，被吓破了胆子，这是真正的失败；可是有的人失败了，寻找失败的原因，不断地干下去，最后取得了成功。

要敢于急流勇退

在特定的历史条件下，20岁的华盛顿担任了弗吉尼亚民团指挥官，43岁荣膺大陆军总司令，尤其是在1781年的约克敦大战的胜利使华盛顿一跃而成为各州拥戴的对象。有军方人士乘机进言，敦促华盛顿登上国王宝座。要王冠，还是要民主共和，是摆在华盛顿面前的两个选择。是选择一己私利，还是选择万民福祉？华盛顿选择了后者。他功成身退，向大陆会议奉还总司令的职权，随后返回乡下的老家。主持起草美国的《独立宣言》的杰斐逊评价说："一个伟人的节制与美德，终于使渴盼建立的自由免于像其他革命那样遭致扼杀。"

华盛顿归隐数年后，1789年1月，他以无可争议的全票当选为首任总统。面对如此荣耀的冠冕，华盛顿丝毫也没有表现得兴高采烈、踌躇满志。相反，当他离开庄园去纽约赴任时竟然发出"犹如罪犯走向刑场"的感叹。他认为："民众的热情是如此空前高涨，合众国的前途又是如此变幻莫测，假使自己的尝试失败，势将成为历史的罪人。"

四年任期结束后，华盛顿打算急流勇退，谁料选民们不答应，1792年，他又以全票当选为第2任总统。美国《宪法》规定当选总统任期4年，准予连选连任，没有上限。鉴于华盛顿的彪炳业绩和崇高威望，世人普遍认为他会终生连任。但他选择主动卸任，让位于亚当斯，为政坛民主更迭树立了良好的先例，从此连任止于2届（罗斯福总统连任4届是由于二战的特殊背景）。华盛顿可以说是人格达到最为完美的人物，就在弥留之际他还要求仅合乎常礼的安葬，而且仅仅要故乡弗农山庄的一抔黄土、一座契合他淳朴风格的陵墓。

急流勇退使华盛顿赢得了世界人民的敬仰。

人生感悟

"谦受益，满招损。"有福不可享尽，有势不可用尽。成名获利之后，不居功自傲，不恃财欺人，谨言慎行，这正是伟人之所以为伟人的缘由。

要有直面现实的勇气

国外有句名言："事情既然已经是这样，就不会成为别的样子。勇于承认事情就是这样的情况，平心静气地接受已发生的事情，是克服更多不幸的第一步。"

罗琳女士在丈夫去世后与儿子安德鲁相依为命，她没有再婚，独自一人辛辛苦苦地承担起了对儿子的抚养、教育责任。终于，安德鲁考入了名牌大学，马上就要毕业了。在毕业前，他已经被一家大公司签约录用。对于罗琳女士来说，经过了千辛万苦之后，美好的生活已经就在眼前。但是天有不测风云，就在安德鲁毕业前夕，罗琳突然接到通知，安德鲁外出时遭遇车祸，不幸去世。

谈到此事，罗琳说："听到儿子车祸身亡的消息，我感到悲痛欲绝。在此之前，我一直觉得生活是如此快乐，我有一个非常讨人喜欢的孩子，为了养育他，我不惜付出全部力量。在我眼里，他具有年轻人美好的一切品质，我感到离开了他便不能生活。无情的电报粉碎了我的希望，我觉得再不值得活下去了。我开始忽视工作，疏远朋友。我放弃了一切，对世界怨

恨不已：为什么上帝要夺去我可爱的孩子？为什么这个充满希望的青年还未能开始他的人生旅程，就这样离开了人世？我根本无法接受这个事实。因为伤心过度，我不得不放弃满意的工作，远走他乡，泪水和悲伤成为我生活的全部内容。"

"当我准备辞职、清理办公桌的时候，忽然从抽屉里找到一封落满灰尘的信。那是安德鲁在几年前在我母亲去世时写给我的一封慰问信。信中写道：'我们会永远怀念她的，尤其您更会如此。我知道您会勇敢地面对这一残酷的事实，因为您的坚强的人生观必定会使您接受生活的挑战。我永远不会忘记您所教给我的那些美好而深刻的人生道理，不论我们相隔多么遥远，我会永远记住您的微笑。我会像一个真正的男子汉，承受生活带来的一切考验。'我把信反复读了几遍，仿佛听到安德鲁在我身边说：'您为什么不照您说过的话去做呢？坚强地活下去！不论发生什么事，都要把您个人的悲哀藏在微笑底下，继续坚强地生活下去吧！'于是我又回到工作岗位上，我不再对世界感到愤愤不平。我不断对自己说：'事情既然已经到了这种地步，虽然没有力量改变它，可是我能够坚强地活下去。'我全心全意地投入到工作中，结交新的朋友。我不再为无可挽回的过去悲哀，而是懂得了珍惜宝贵的现在。因为我已经接受了现实，或者说接受了命运对我的安排，所以我们现在的生活比以前更加充实，更加快乐。"

人生感悟

> 　　不敢面对现实的人是胆小鬼，但接受现实更需要勇气。现实中，有些事情是我们不能左右的，不过有一点是明确的，即我们在左右不了现实时，可以左右自己对待现实的态度。

抱持一颗宽容的心

　　四川青城山有一副很有名的对联是这样写的："事在人为，休言万般皆是命；境由心造，退后一步自然宽。"自古以来，宽厚的品德、宽容的心态就为世人所称颂，心胸狭窄被认为是一种病态。

唐代狄仁杰非常看不起娄师德，但实际上娄师德并不计较这些，推荐狄仁杰当宰相。还是武则天捅开了这层窗户纸，有一次武则天问狄仁杰说："娄师德贤能吗？"狄仁杰回答说："作为将领只要能够守住边疆，贤能不贤能我不知道。"武则天又说："娄师德能够知人善任吗？"狄仁杰回答："我曾经与他共事，没有听到他能够了解人。"武则天说："我任用你就是娄师德推荐的。"狄仁杰出去以后非常惭愧，尽管自己经常对他嗤之以鼻，但是娄师德却仍然能以宽厚、公平的心来对待自己，他深深地感叹："娄公德行高尚，我已经享受他德行的好处很久了。"

所谓宽容的心态就是以宽阔的胸怀和包容的心态，去面对人和事。宽容本身包含着谦逊。古人说"满招损，谦受益"，一个人如果不能虚怀若谷，就不能有效地吸纳有益于自己自身发展的精神食粮，只有具备海纳百川、有容乃大的心态，我们才能学习他人的长处，弥补自己的短处，充实、拓展、成就自我。

宽容不仅是一种与人和谐相处的素质，一种时代崇尚的品德，更是吸纳他人长处充实自我价值的良好思维品质，"宰相肚里能撑船"，既然要做一个能位于一人之下、万人之上的人，必须具备一个必然的基础，那就是有一颗和常人不一样的宽容之心。一个人要想成功，只有处处多为别人着想，将心比心，设身处地，宽容别人，这样才会得到更多的人理解和支持，梦想才会更容易实现。在现代社会中试想一下，在谈判桌上，每一方都互不相让，无法宽容对方，都想赢得更多的利益和实惠，结果往往会造成僵持、不欢而散的局面。针对一个与你观点不一致，或者你认为是与你唱反调、不配合你的人，哪怕他是一位"作恶多端"的人，只要你对他拥有一颗宽容善待的心，若能加以正确引导和启发，则往往会使他转向为"始是敌人，终是朋友"的立场，说不定还会成为你成功道路上的知心朋友和伙伴。因为你应该明白：一味敌视别人或不能原谅别人，实际上你是在不原谅自己，在给你自己制造烦恼，伤害了别人，同样也伤害了自己。

拥有宽容的心态无疑也是维系一个家庭和谐生存的重要砝码，法国作

家泰斯在谈及家庭生活时说："互相研究了3周，相爱了3个月，争吵了3年，彼此忍让了30年，然后轮到孩子们来重复同样的事，这就是婚姻。"如果一个家庭没有宽容，天天争斗，一个家庭无论如何也难以维持下去。

家庭如此，社会现实更是如此。世界上的人和事，各有各的妙用，任何事物都可以活用，都可以协调。俗话说："人上一百，形形色色；树林子一大，什么鸟都有。"彼此的和谐生活就需要彼此都拥有宽容的心态，坚持自己的个性，也承认他人的脾气。公共关系专家告诉我们："面对千差万别的现实世界，宽容是我们现代人适应时代社会的必备素质，是我们的必然选择。对于所谓的'异己'，在不涉及大是大非的前提下，不是打击、贬抑、排斥就是置之死地而后快，你没有那般本事，只会徒添烦恼；而是应当学会宽宥、包容、赞美和与其和谐相处，只要你生存在这个世上，你就没有办法逃避如何对待'异己'的问题。

想到能与他人相处共事是一种幸福的缘分，尽力消除自我中心的心理倾向，对世界心存感激，念及他人的优点和好处，你的宽容心的波长和别人的波长就会一致。只有通过这种心的"广播电台"，你才能和别人交换信息和意见，并化敌为友，增添你人生中很多的朋友和伙伴。你的宽容，你的爱，这种人生感情只要肯付出给别人，终究会回报自己。宽容别人，实际上是为了得到别人对你更多的宽容。

人生感悟

> 宽容心态的培养，主要在于把自己看做是一个平凡的人，把自己看做是广大社会中的一分子。

虚怀若谷善纳谏

唐太宗在中国历史上之所以被人尊崇，和他纳谏的过人气度是有直接关系的，纳谏方面他也是最突出的。他和魏征成了历史上首屈一指的名君和名臣。从魏征的角度看，他的直谏说明他对唐太宗是很感激的。直言进谏说明魏征是真正的忠臣，不进谏只知道讨好皇帝的人才是历史上常出现的奸佞之臣、误国之臣、亡国之臣。魏征有句名言"兼听则明，偏信则暗"，这句话至今还被我们经常引用，当时，唐太宗就将魏征的这句忠言牢记在心，有了好的指导思想，纳谏也就有了良好的基础和前提。

当初唐太宗质问魏征："你为什么挑拨我们兄弟关系？"魏征并不求饶，反而倔强地说："如果太子早听我的话，一定不会是今天的结局。"唐太宗很赞赏他的直率，便以礼相待，根据他耿直的秉性，让他任谏议大夫，贞观三年（公元629年）又任参与朝政，行宰相职权，成为贞观名臣。

为了鼓励大臣进谏，唐太宗还有一句名言："直言鲠议，致天下太平。"确实是发自内心。在唐太宗即位不久，命人点兵。当时的唐制规定，年满21岁才能入选，但大臣封德彝却说18岁以上高大健壮的也可以点兵，并得到唐太宗的同意。魏征却驳回了诏令三四次，不肯签发。唐太宗大怒，召见他质问。魏征说："您常说要以诚信治天下，但即位以来，仅几个月就几次失信于民，这怎么能说是以诚信治天下呢？"太宗听了转怒为喜："过去我总以为你很固执，不懂政事，今天听你分析国家大事，都很切中要害，我确实是错了。"太宗不但改正了错误，还赏赐给魏征一只金瓮。

魏征去世后，唐太宗异常悲痛，他说："人用铜（古代的镜子用铜磨制而成）做镜子，可以纠正衣冠；用古代历史做镜子，可以明辨国家的兴盛与衰亡；以人做镜子，可以知道自己的得失和过错。现在魏征走了，朕便失去了一面宝贵的明镜。"唐太宗还去凌烟阁，对着魏征的画像作诗一首："劲条逢霜摧美质，台星失位夭良臣。唯当掩泣云台上，空对余形无夏人。"

除了充分纳谏，唐太宗还进行了一些改革，他命令五品以上的官员要在中书省（为皇帝起草诏书的办事机关）轮换值班，听从随时召见以便及时商议大事。他自己也不是独断专行的人，他将国家重要的军政事务以及五品以上官员的任免权交给了宰相会议，以便充分听从众人的意见，集思广益，委任最合适的人选。对于一般的政务，他要求负责起草诏书的中书省和负责复核诏书的门下省都要各负其责，认真做事，不许敷衍了事。

唐太宗的御臣之术并不高明，但它的作用是非常好的，既有效地防止

了少数大臣的专权乱政，也充分发挥了大家的集体智慧，有了互相牵制的制度和措施，就使正确的方针政策得以顺利产生；有了贤明的君主，则使好的国策能够得到彻底执行。君臣的共同努力，通力协作，这是贞观之治产生的最根本的原因，唐太宗的行为给历代帝王树立了一个好的典范。

为了更好地纳谏，唐太宗还采取了一些具体有效的措施，如谏官和史官列席军政会议，对于敢于直谏的大臣给予重赏鼓励，同时也是对其他人以后进谏的一种有效的鼓励。

人生感悟

大其心能容天下之物，虚其心能受天下之善，平其心能论天下之事，廉其心能观天下之理，定其心能应天下之变。纳谏是需要勇气的。

消除自我封闭的心态

中国是一个幅员辽阔的国家，辽阔的土地被西部无法自由跨越的沙漠与高山以及东部波涛汹涌的大海保护着，北部被雄伟的万里长城、广阔无垠的草原以及南部的大洋守卫着。东西南北地理上的"自卫队"产生了民族固有的精神上的团结一致，也造成了那种认为中央帝国孕育着"天下唯一的文明"的信念。

心理正是每个人心中的地理，民族的心理正是这个民族活动的地理基础在其心中的折射、反映与定格。传统的"中国人"在文化观上表现一种超常的自我封闭心态。只有"天下"的观念而没有"世界"的观念。到了清朝这种封闭的心态已经到了极其无知的程度。

1816年，嘉庆皇帝与大臣孙玉庭之间有一段令人啼笑皆非的对话。嘉庆帝问："那英吉利是否富强？"孙玉庭答："彼国大于西洋诸国，因此是强国。至于富嘛，是由于中国富彼才富，故富不及中国。"嘉庆又问："何以

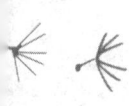

见得?"孙玉庭答:"英国从中国买进茶叶,然后转手卖给其他小国,这不说明彼富是由于中国富吗?如我禁止茶叶出洋,则彼会穷得没法活命。"

茶叶简直快成了核武器一样的威慑力量,后来清政府反复使用这一武器,并演变成"以商制夷"战略:你不老实,我就断绝与你的商业往来,以示惩戒。即使是林则徐这样的政治家也时常运用一下这一战略。可见由资源丰腴而生成的某种封闭心态在人们心中普遍存在。这种自我封闭的心态不仅仅容易出现在大国的统治心态上,在个人的心态上也有体现。

从微观的个人来看,自我封闭的心态表现为把自己的真情实感和欲望掩盖起来,过分地强调自我克制,表现为人际交往的一种不正常心态,也表现为品德障碍的一种挫折防御心态。

每个人活在世上都有追求,并且希望达到完美,这本是一种天性。但人生的历程始终是得失相随,难有十全十美的时候,因而每个人也都应该有一定的心理承受能力才行。就是说,要以开放的姿态,投身于社会生活去接受磨炼和考验,才能更加客观地对待自己的人生。当今不少人为了使自己能在竞争中求得生存与发展,常常处于一种持续紧张状态。如果这种紧张状态适度的话,利于进取,亦利于健康,但如果过分紧张则十分不利。特别是当人们遇到挫折或打击后,应积极努力地将紧张或焦虑心态转移或发泄出来,防止其持续作用而损害健康,这才是上策。如果人们面对挫折和打击,不是设法释放不良心态的影响,而是将自己"封闭"起来,甚至消极悲观,对周围事物缺乏兴趣,独居一隅,这样发展下去,就会构成现代生活易发的抑郁心理状态而不能自拔。

当然我们不可否认很多很有成就的人都曾经有过一段很自闭的阶段,在这种自闭的心态中,独自忍受孤独,但是也在享受孤独;在这种自闭的心境中,抓住那份失落感自哀自怜,你可以审视自己,也可回想很多事,无助时也可独自哭泣直至迷迷糊糊睡着……有苦才有乐,有悲才有喜。暂时的自闭孤独有时也是一种休息、放松及宣泄。但是这种自闭只能是暂时的,如果长时间陷入其中,必然会导致心灵的失衡,形成好走极端的倾向。而且,长期的封闭会阻隔个人与社会的正常交往。处在封闭环境之中的人,感觉不到封闭,就必然导致精神的萎靡、思维的僵滞,它使人认知狭窄,

情感淡漠，人格扭曲，最终可能导致人格异常与变态。

一旦被这种自我封闭的心态锁住，人会产生排他心理，使自己与他人难以沟通，情感受到压抑。这时候既需要旁边的人用真诚的爱对待他，激起他们的信赖、亲近、理解之情，用爱的熔炉去融化其心灵的坚冰，引燃其心灵的火焰，消除其戒备与敌意，也需要持有封闭心态的人自己主动地打开心灵的窗户，让外面新鲜的空气进来。

人生感悟

精神的生存，其实比肉体的生存更难。要跨出"小我"境界，将精神的触角伸入到广阔的天空中去呼吸。

克服抑郁心态

抑郁往往会对人生产生不可忽视的干扰作用，抑郁使人自信降低乃至丧失，自信是人生获得成功、达到幸福的必不可少的精神支柱。"有志者事竟成"、"精诚所至，金石为开"这类格言中，集中地凝聚着这种宝贵的人生智慧。翻开历史，阅读那些彪炳史册的志士仁人的传记，便足以强烈地感受到，任何一个成功者的足迹中、功业中，无不闪烁着自信的力量。在我们身边，仔细观察那些活得坚强、过得快乐、感到充实、获得幸福的男子汉与女强人们，无不在自信的基石上，艰辛而坚强地构筑着壮丽的人生大厦。

抑郁则很可能把这一切摧毁，变成一堆瓦砾。凡是在抑郁的阴影中度日如年的人，常常对自我、他人与社会持不符实际、歪曲真相的眼光，以曲解与偏见去看待一切，而对自己的认知、评价、把握则常常是偏低的。于是，在生活中稍遇波折，甚至是一些不足挂齿的小事，便自认为失败。这时，一方面自我责备、自我贬低，总认为自己是不合时宜的、没什么价值的、无能无用的，丧失了自我确认；另一方面夸大困难，只看见山重水复而看不见柳暗花明，只注意崎岖坎坷而忽略了壮丽的风光，只看见波峰浪谷而体验不到搏风击浪的欢乐，更看不到彼岸。因此便看不到前途，情绪低沉，甚至悲观失望。显而易见，在这种人身上既没了自尊，也没了自信，只有自我怀疑与自我否定。

抑郁心态者的人生态度通常很消极。正由于抑郁使人丧失了自尊与自信，总是自我责备、自我贬低。无论对环境对自我，都不能积极地对待；对环境压力总是被动地接受而不能积极地控制，更谈不上改造；对自我也总感到难以主宰而随波逐流。于是在人生征程上没有理想与期待，只有失望与沮丧。总感到茫然无主，陷入深重的失落感而难以自拔，对一切都难以适应，只能退缩回避。我们周围常常有这类人，当生活环境发生重大变化而呈现出巨大反差时，当人生之旅中出现一些变故、遇到一些挫折时，或者仅仅是环境不如意时，便精神不振又心神不定，百无聊赖而焦躁不安，不思茶饭更无心工作，甚至不想生活。整个儿跌入消极颓丧中。

抑郁使人的各种能力降低。我们常有这样的感觉：心境良好时，思路开阔，思维敏捷，能力很强，解决问题又快又准，强烈而持久的激情更能催生巨大的创造性；心情郁闷时，思路阻塞，操作迟缓，甚至会把正在进行的活动骤然中断，更无创造性可言。心理学家的实验则共同表明：在抑郁的心境下，人的记忆力减退；感知能力降低，只看到表面而看不到深层，只看到眼前很少的几个点而看不到已经清楚地呈现出来的其他线索，使知觉范围变窄；思维过程更多的是机械地重复，至多是模仿，缺乏创新想象力；实践能力降低，无力改变环境，也难以改善自己，总是被外界的毁誉牵着鼻子走；一旦得不到认可与接受，便退缩躲避，寻求援助，经不起风浪，甚至受不了波折，难以适应复杂多变的人生。

当然抑郁心态并不是不可以调整的。从深层看，如果能积极而正确地对待，抑郁会升华出精明又清醒的生存智慧。通过痛苦的心路历程，在承受苦难的漫长过程中，以惊人的韧性和耐力，把自身的能量节省下来、保存下来，把苦难耗掉，使自己存活下来。这无疑带有悲剧色彩，是一种"阴柔"的悲剧。它与面对环境的不如意而改选反抗的"阳刚"的悲剧相比，更有深度和力量，也更富于民族特色，值得注意。

在现实生活中，每个人都与周围环境保持着不同性质的联系，或者是

非对抗性的、一致的联系，或者是对抗性的、对立的联系。在后一种情况下，当环境的力量如此巨大，使他无法抗拒，更无法改变时，个人愿望因环境的限制而无法实现或充其量只能部分地、推迟地实现时，失败是必不可免的。而为了生存下去，人任何时候都不能没有理想、信念、希望等精神支柱，也需要与环境之间达成平衡，哪怕只是虚幻的心理平衡。

当人们不可能改变环境以调整主客体关系时，则不得不抑制改变环境的愿望，也不得不对自己在现实社会的位置、境况重新加以解释与评价，而把理想、信念、希望等精神支柱保存下来。既适应环境、面对困难；又保存自己、节省能量，从而调整主客体关系，达到心理平衡与主客体平衡。这种平衡可能是不同性质的。它或者是非理性的、虚幻的平衡，即在心造的幻境中虚构出某种"胜利"，以冲淡或掩盖事实上的失败，由此缓解在强大的环境面前的压力，掩饰巨大的痛苦，自欺欺人，自我安慰。这就是鲁迅先生在《阿Q正传》中揭示的"精神胜利法"。另外一种平衡则是清醒的、理智的选择，即面对现实的苦难与环境的重压，经过精心的分析和仔细的比较，不作无谓而徒劳的抗争。而是自我克制，卧薪尝胆，积蓄力量，励精图治，暂时地压抑自己的愿望，等待力量对比的变化，以求有朝一日足以战胜环境，改变现实。这反映在心理状态上，便是抑郁；它实乃一种精明的策略选择，体现出一种阴柔胜阳刚的人生智慧。

人生感悟

一个人一旦没有了精神信仰，便极容易导致抑郁，而对于有志有为者来说，适度的抑郁可以促使他自省，激发他的创造力，鞭策他走向自强，走向成熟。

人际交往沟通

好口才能让你从容展现才华

　　当你终于等到一个非常适合自己的机会，准备一展鸿鹄之志时，却在把握它时拙于言辞，空有抱负却无法适当表达，终使你满腔热血化作一盆冷水。究其原因，最主要的是你的表达能力，也就是口才欠佳。所以，我们应随时随地加强自己对"嘴"的修炼，把自己的理想通过完美的语言、得体的姿势充分表现出来，才能成为现代社会激烈竞争中的强者。

　　衡量一个人说话水平的高低，其标准不是单一的。口若悬河的人，其说话水平未必就高，这要看是否说到了点子上，是否恰到好处地达到了自己的说话目的；相反，寡言少语的人，其说话水平未必就低，言简意赅，字字珠玑，也是说话水平高超的表现。我们在这里主要阐明说话水平的衡量标准，这些标准包括目的性标准——话随旨遣，准确性标准——切中要害，针对性标准——话因人异，通俗性标准——明白易懂，时空性标准——话随境迁，逻辑性标准——条清理明，真切性标准——声情并茂，技巧性标准——引人入胜等。根据这些标准权衡自己的说话得失，有助于我们实现说话动机与效果的统一，否则便达不到交际的目的，有时甚至还会事与愿违。据说有个人说话常常离题，说不到点子上。在他结婚的时候，司仪让他说话，他说："我衷心地感谢大家在百忙之中赶来参加我们的婚礼，这是对我们的极大鼓舞，极大鞭策，极大关怀。由于我俩是初次结婚，

缺乏经验，还有待各位今后多多给我们以帮助、扶持和指导。今天有招待不周之处，欢迎大家多提宝贵意见，以便下次改进。"这些话貌似彬彬有礼，实则滑稽可笑，很不得体，未能达到理想的交际效果。

交际目的的实现有赖于说话行为的自我控制。人类的言语交际是一个相当复杂的过程，当表达的一方按照预期的目的发出话语信息，或因措辞不当，或对交际对象缺乏了解，引起对方的误解或反感，这时就得加以控制调整，换一种说法，使对方易于理解，乐于接受；有时交谈的开始阶段是按原定目的进行的，可是说到中途，或因对方及周围情况的变化，或因兴致所至，谈走了题，偏离了原定目的，同样需要自觉控制，调节说话行为，以便回到原定话题上来。这是言语交际中贯彻目的性原则和最优化原则的控制手段。

一位农村大娘去买布料，售货员迎上前去热情地打招呼："大娘，买布呀？您看这布多结实，颜色还好。"（这话不无急于推销之嫌）。谁知那位老大娘听了颇不高兴。嘴上冷冷地说："要这么结实的布有啥用，穿不坏就该进火葬场了。"这番话委实再难接茬，随声附和不行，不吭声又等于默认。售货员该如何调整说话形式？只见她略一沉思，笑眯眯地说："大娘，看您说到哪儿去了，您身子骨这么结实，再穿几件也没问题。"一句话说得大娘高兴起来，爽爽快快地买了布，还直夸售货员心眼好。就售货员一方说，当然是想将布卖出去，这是其交际的目的，但由于话中有急于推销之嫌，使大娘反而不快，售货员在倾听大娘冷冷的话语之后，准确地把握住了她求吉长寿的心理，没有接大娘冷冷的话茬，而是得体地恭维大娘身子骨结实，再穿几件也没问题。说话形式上采用委婉语，不用"死"、"进火葬场"，而用"再穿几件没问题"，用敬称"您"、"大娘"，这种说话形式的调整选用，终于赢得大娘的心理认同，激发了其购买行为。

除以上调控要法之外，言随旨意的方式常见的还有步步引导、针锋相对、装聋作哑、答非所问、投其所好、将计就计、委婉含蓄等。总之，人们在运用话语进行交际时，总是想尽一切办法，采取一切有效手段，来控制自己的说话行为，组织相应的说话形式来表达，以期达到预定的交际目的。

> 口才是一种生存智慧，只有遵循一定的公关原则、运用技巧，才能达到理想的效果。

交际需要好口才

口才是生活中人际交往的纽带。人们通过交谈表达自己的思想和愿望，表达自己的喜悦和忧伤。情趣盎然的交谈，可以增加了解，促进友谊；细致缜密的交谈，有利于工作的开展。一家人亲密交谈，天伦之乐共享；朋友品茗谈心，温馨感觉常伴。

机智和口才可以给人们带来欢乐，并在危急的时刻化险为夷，它是矛盾出现时的调合剂和缓冲剂。机智是以智力为基础的。凭着机智可以把通常不相关的事情，巧妙地联系在一起。它可以在文句上搬弄花样，但是不一定会使人发笑。

但幽默口才和机智是不相同的。幽默所构成的条件，并不是字眼方面的玄虚。所谓幽默是得体的自我玩笑。幽默与机智，在交际上可以压倒别人，显示出你的聪明才智，也可以引起别人的兴趣，并可以缓和紧张的气氛，使大家快乐。

用机智和幽默去鼓起他人的兴致，别人将会十分感激你。你说一句笑话可以像一缕阳光似的驱散重重的乌云。一切怀疑、郁闷、恐惧都会在一句恰当的笑话中烟消云散。

然而，勉强的交谈是会令人很尴尬的。下面是一个不具备交谈条件的场面。

英国作家萧伯纳成名之后，门庭若市使他苦于应付。一天，英王乔治六世前去访问这位文豪。寒暄之后，由于兴趣爱好和文化修养的悬殊，两人很快就沉默无语了。

人际交往沟通

萧伯纳看英王迟迟没有离去的举动，便慢慢从口袋里掏出怀表，然后一个劲地盯着表看，直到英王不得不告辞。事后，有人问他喜不喜欢乔治六世，萧伯纳饶有风趣地微微一笑，答道："当然，在他告辞的时候，确实使我高兴了一下。"

从上面这个事例中，我们可以看出，没有共同的情趣、爱好，就不会有共同的语言。也就难以产生融洽的气氛，没有和谐的气氛，还能有心灵的沟通吗？话不投机半句多啊！

其实，惹人烦恶总有些伤人自尊的潜因存在。倘若一个女孩自称能干，却对人责备："你呀！连这点小事都做不来，得好好学学啊！"就如同当头棒喝，会深深打击对方的自尊，也许他会反击说："呵！你算老几？有什么好神气活现的！"也许还会恨那自以为是的女孩呢！

若你向朋友拜托一事，却十万火急地催："你这家伙老是慢吞吞的，拜托你手脚利落点啊！"言下之意，似乎嫌其怠慢，有反宾为主之嫌，并伤害对方尊严，于是他生气地说："既知我慢，要不要另请高明？"

有些母亲管教小孩，认为只要打击小孩自尊，即可有效激其向上，因此，无论何事，莫不以责骂口气说："你怎么这么笨呢？就算你数学考100分，仍然无法和隔壁的阿牛相提并论。你呀，不用功怎么行呢？"

小孩稍微懂事后也会分辩："你说我笨，你看过白痴会考好数学吗？"因为大人不给他保留面子，而且还言过其实地指责他，即使是以爱为出发点，仍是彻底失败的教育方式。难怪他会反抗，甚至不愿用功了。不妨换个口气试试，又将如何？

"你的体育成绩真不赖！妈妈好开心，体育好表示身体棒，身子强壮就有本钱念书，改天也努力把别科功课赶得跟体育一样好，那么妈妈就更高兴了！"听了这番话，小孩心中一定会想：好！下回做给您看。他一定会下决心表现一番。严格的教育未必就是错误的，然而伤人自尊的教训，连小孩都反抗，更何况是大人呢？如果说话如自来水，听者即如盛水之杯，因此杯子有其限制，太满则盈，太少又嫌不足。在倒水之时，又有急缓从容之别，或是太猛，有水溢之虞。如果能创造性发挥自己的口才在一些社交场合中能够受益匪浅。

口才是生活中人际交往的纽带。人们通过交谈表达自己的思想和愿望，表达自己的喜悦和忧伤。

让对方在感情上接受你

纽约某大银行的乔·理特奉上司指示，秘密进入某家公司进行信用调查。正巧理特认识另一家大企业公司的董事长，这位董事长很清楚该公司的行政情形，理特便亲自登门拜访。

当他进入董事长室，才坐定不久，女秘书便从门口探头对董事长说：

"很抱歉，今天我没有邮票拿给您。"

"我那12岁的儿子正在收集邮票，所以……"董事长不好意思地向理特解释。

接着理特便开门见山地说明来意。可是董事长却含糊其词，一直不愿做正面回答。理特见此情景，只好离去，没得到一点儿收获。

不久，理特突然想起那位女秘书和董事长说的话——邮票和12岁的儿子。同时，也联想到他服务的银行国外科，每天都有许多来自世界各地的信件，有许多各国的邮票。

第二天下午，理特又去找那位董事长，告诉他是专程替他儿子送邮票来的。董事长热诚地欢迎了他。理特把邮票交给他，他面露微笑，双手接过邮票，就像得到稀世珍宝似地自言自语：

"我儿子一定高兴得不得了。啊，多有价值！"

董事长和理特谈了40分钟有关集邮的事情，又让理特看他儿子照片。一会儿，没等理特开口，他就自动地说出了理特要知道的内幕消息，足足说了1个小时。他不但把所知道的消息都告诉了理特，又召回部下询问，还打电话请教朋友。理特没想到区区几十张邮票竟让他圆满地完成了任务。

人生感悟

> 　　要讨母亲的欢心，莫过于赞扬她的孩子。聪明的人懂得利用孩子在交际过程中充当沟通的媒介，这样，一桩看似希望渺茫的事就会迎刃而解了。

用微笑突破陌生的距离感

　　初见陌生的交际对象，特别是刚到一个公司去上班，面对陌生的同事，不要看见对方似乎冷淡、高傲便望而却步，不敢唐突热情，那不是一个真正的聪明人所应有的心理。要知道"日疏愈疏，日亲愈亲"，我们应该热情一点，不要觉得这是什么丢面子的事。相信自己的热情能融化任何冰山雪岭。融入新环境的最有效方法便是主动出击，热情袭人。对方不是石头，必受感染，即使先是冷漠，后来也必然一扫而光，觉得与你"似曾相识"，"生人"的距离顷刻而破。

　　在陌生的环境里，人人都习惯板起一张面孔，保护着原本虚弱的尊严，以免受来自外界的侵犯和伤害。结果，陌生的环境照例还是陌生的，你所担心的那种"危险"仍然潜伏在你的周围。

　　如果我们不要那种冷冷的傲慢的所谓尊严，不要紧绷着面孔、圆睁着警惕与怀疑的眼睛，学会在陌生的环境里微笑，保持一种放松和坦然的心态。对待陌生人，我们根本用不着对人伪装，因为我们都只是擦肩而过的人生过客。

　　在陌生的环境里学会微笑，你也就学会了与陌生人之间架一座友谊之桥，掌握了一把开启陌生人心扉的金钥匙。

　　一个微笑会传递给别人许多信息。它不仅表明了"我喜欢你，我是作为朋友来的"，而且也预示着"我想你也一定会喜欢我"。当一只小狗摇着尾巴走到你面前时，它似乎在对你说"我相信你是一个好朋友，你会喜

ZHANGKONG YISHENG DE 99GE GUANJIAN WENTI

欢我"。

微笑传达的另一条重要信息是"你值得高兴。"波拿劳·欧维尔斯利特在她的著作《理解我们自己和别人的恐惧》中指出："我们对其微笑的人，也反过来朝我们微笑。在一种意义上，他是朝我们微笑；在更深的意义上，他的笑还可能蕴含着如下的意思：我们使他能够感受突然而至的快乐。我们的微笑使他感到他值得报以微笑，于是他也笑了。可以说我们从人群中把他分离出来了。我们对他区别对待，同时给了他一个单独的地位。"

我们中的许多人不能经常地微笑的一个简单原因，是我们形成了一种习惯：我们总是压抑自己的真实感情。我们所受的教育使我们觉得，让自己的感情泄露无遗是极不光彩的事。我们试图使我们不要感情冲动或者把它流露在脸上。也许你觉得自己做不出一个"真正的微笑"，而且怎么也学不会那种富于吸引力的微笑。

在现实的工作中、生活中，假如一个人对你满面冰霜、横眉冷对，另一个人对你面带笑容，温暖如春——他们同时向你请教一个工作上的问题，你更欢迎哪一个？当然是后者。

杰克是美国一家小有名气的公司的更总裁，他还十分年轻。他几乎具备了成功男人应该具备的所有优点，他有明确的人生目标，有不断克服困难、超越自己和别人的毅力与信心。与他深交的人都为拥有这样一个好朋友而自豪。

但初次见到他的人却对他少有好感。这让熟知他的人大为不解。为什么呢？仔细观察后才发现，原来他几乎没有笑容。

他深沉严峻的脸上永远是炯炯的目光、紧闭的嘴唇和紧咬的牙关。即便在轻松的交际场合也是如此。他在舞池中优美的舞姿几乎令所有的女士动心，但却很少有人同他跳舞。公司的女员工见到了他更是敬而远之，男员工对他的支持与认同也不是很多。而事实上他只是缺少了一样东西，一样足以致命的东西———副动人的、微笑的面孔。

人生感悟

> 微笑是一种接纳，它能缩短彼此的距离，使人愿意和你接近。喜欢微笑着面对他人的人，往往更容易走入对方的天地。难怪有人说微笑是成功者的先锋。

进行必要的感情投资

很多人都有一本或数本的银行存折，如果你年初存5000元，到了年底，你会发现，存折上不只是5000元，还有利息！人际关系也是如此。

有一位批发商，他平时即很注重人际关系的建立，不论是大人物或小人物，他都不吝花费地和他们建立关系。据说有一位与他并未谋面的零售商因为急需，去向他借钱，他二话不说就掏出2万元。他广结人际关系的结果是，到处都有人帮助他，他也因而得到很多好机会。后来他在危急时，有很多人帮他渡过难关。

他就是用在银行存钱的方式来"存情"，以此建立他的人际关系。

这些人际关系，必成为你这一生中最珍贵的资产，在必要的时候，会对你产生莫大的效用。就像银行存款一样，少量在存，有急需时便可派上用场。而别人对你的回报，有时是附带"利息"的，就好比银行存款生利息那般。

真正聪明的人，是在自己能力范围之内尽量"给予"的。而受到此种看似不求回报好意的人，只要稍微有心，绝不会毫无回礼的，也会在能力所及的情形下与你合作。透过此种交流，彼此关系自能愈来愈亲密，终至成为对你很有用的人。

在日常生活中遇到意想不到的人或好意，往往带给人意外之喜。这种情形下，心中常常只有"感动"二字。所以，为了要让对方脑海中为自己留下深刻的印象，一些意想不到的行动是很有效果的。

例如，突然想到找一位相识的朋友，可能只是顺道拜访，但足以让人开心。因为他会觉得你是关心他的，否则不会想起来拜访他，此时自然会对你另眼相看。

人是高级的感情动物，注定要在群体中生活，而组成群体的人又处在各种不同的阶层和具有属性。适当时进行感情投资，有利于在社会上建立好人缘，只有人缘好，才能有一个好的形象，你的人际交往才能如鱼得水。没人缘的人自然会常常陷入进退两难的境地。

懂得"存情"的聪明人，平时就很讲究感情投资，讲究人缘，其社会形象是常人不可比的，遇到困难很容易得到别人的支持和帮助。因此，这样的聪明者其交际能力都较一般人占有明显的优势。

人生感悟

靠个人力量以求发展，则发展有限；多与各方朋友结缘，则发展的后劲没有止境。对于事业的投资，是买股票；对于人缘的投资，是买忠心。

不要吝于帮助他人

当你有了一定的地位和实力之后，聪明的人不会忘了提携帮助他人，因为也许他们将来会成为支持你的力量，这也是一种感情投资。

当你在社会上工作几年之后，一定会有很大的变化：你的生活经验更加丰富了，你的社会地位也在变化，也许你已经升职，也许你在专业上变成一位老手，也许你在人际关系与人生经验上变得更加成熟，也许你开始经营自己的企业，并颇有成就！

当你取得这种进步，处于这种地位之时，不要忘了一点——要提携和帮助他人。这位被你提携之人将来一定会成为你的支持者与帮手。

因为当你提携了某人，于情于理，他一定不会忘记你的提携之恩，当

他有了一定的地位，或者当你出现困难的时候，他一定会为你效犬马之劳，至少他欠你一份人情，而这份人情他总是要还的。

很多从政之人就很善于利用这一点，他们自己升了官，同时也提拔其他人升了官。因此，当他碰到困难之时，肯定会有很多人相助。有的人甚至退了休之后，虽然不再呼风唤雨，但仍然高朋满座，门庭热闹，去看他的大多是那些当年曾受他提携之人！

当然，我们不一定非得从政才能够提携他人，只要你比别人职位高、经验多、业务熟，当单位需要提升员工时，你就可以适时举荐，或亲自提携。这里所说的"提携"，方式有很多种，例如：

给他升职。这是一种最明显、也最为人所认同的提携，但也要看他的能力与才干是否值得去提，如果是一位扶不起的阿斗，这样反会害了你自己，成为你的负担！

调整职务。这不一定是升职，却可让他更好地发挥自己的才干，如把他调往一个更好的部门，这样，他也会感激你。

替他解决困难。一分钱可以逼死一位英雄汉，如果某人真是英雄，那么就帮他解决困难吧，不要让他因为困难而忧心。

帮他脱离危险。在悬崖前拉他一把，明告他、提醒他或暗示他，让他免于毁灭或受伤。

鼓励他。在他灰心的时候、遭遇逆境的时候、被小人打击的时候，在精神上支持他、鼓励他，让他振作起来，这也是一种提携。

不过，当你提携他人时，也要全面考虑一下，并有些心理准备，如：

承担风险的心理准备。看人不可能百分之百地准确，有时也有看走眼的时候，把庸才看成天才，也会因个人的好恶而把恶狼当成家狗，因此你提携了他之后，可能会有被拖累、背叛的危险。

承担流言的心理准备。"提携"的动作如果过大、面过广，会被人认为是在培植势力，甚至引起别人的反感和抵制，在一些大的单位里尤其容易出现这种情形。

任何事情都有利有弊，要尽量使之转化为利，避免弊的出现。有些领导者为什么一直有很多忠心耿耿的追随者，其中有很多就是被提携之人。

所以，如果你自身有能力和条件，在看准的情况下，不妨伸出双手提拔一下他人。

得人才者得天下。笼人心、纳人才，是帝王第一要务。古往今来，围绕着笼络人才，历史舞台上上演着一出出装模作样的表演，演技高明的，甚至让你看不出那是表演。中国古代的一些著名的"纳贤"之举，例如周公的"一沐三捉发，一饭三吐哺，起以待士"；曹操闻贤士谋臣来奔，"跣出迎之"；刘备"三顾茅庐"邀请诸葛亮出山等，究竟在多大程度上出自求贤若渴的诚意，又在多大程度上属于故作礼贤下士的姿态，其实是很难说得清的。

"士为知己者死"，这是中国古代"士"阶层的传统心态，统治者的提携施惠、破格提拔，很容易激发"士"的知遇感，使他们肝脑涂地而心甘情愿。

想干大事的聪明人，还要懂得破格提拔人才的玄妙。一级一级地、按部就班地提拔，被提拔者不会感激你，他以为在任何地方都可以得到这样的提拔。要提拔，就要提他个一辈子忘不了，他才为你效死命。

"越级提拔"属于感情投资中的精髓部分，想培养尽忠之士的人，不可不懂。

人生感悟

平时不烧香，急来抱佛脚，菩萨虽灵，也不会来帮助你的，因为你平时目中没有菩萨。有事才去找，菩萨哪肯心甘情愿地做你的利用工具！

注意保持适当的距离

生活中，经常会有这样的发生：一些好得不得了的朋友，最终还是散了，有的缘尽了，有的则不欢而散。

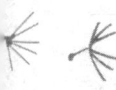

　　虽然朋友失去了还可以再交，但新的朋友未必比老朋友好，失去友情更是人生的一种损失。为了避免失去朋友，让多年的友情随风而散，有一个聪明人交友的原则值得考虑——好朋友也要保持距离！

　　这话似乎有些矛盾，既然是好朋友，那为何还要保持距离？这样不就彼此疏远、缺乏诚意吗？而现实中很多人友情疏散，问题就恰恰出在这种形影不离之中。

　　人为什么会有"一见如故"、"相见恨晚"之感，就是因为被彼此的气质互相吸引，一下子就越过鸿沟而成为好朋友，这个现象无论是在同性还是异性之间都一样。但两个人不管相互之间的吸引力有多大，他们毕竟是两个不同的个体，彼此所处环境不同，所受教育不同，因此人生观、价值观再怎么接近，也不可能完全相同，如果没有差异那就是两个同一体了，就不存在彼此之间的吸引力了。正如一对处于蜜月期的新婚男女一样，当两人的蜜月期一过，便不可避免地触碰彼此的差异和缺点，并且这种差异表现得越来越多：结婚之前，他们一直在求同，眼里闪烁的总是对方的优点，而经过一个阶段后，求同的动力变小，差异就显露出来。于是从尊重对方开始变成容忍对方，直至最后要求对方！当要求不能如愿，便开始在背后挑剔、批评，然后人离情散。

　　密友之间交往的艺术与夫妻之间相处的艺术有些共同之处，所以要"保持一定的距离"，这也是夫妻相处的艺术之一。所以，如果你有了自己的"好朋友"，与其因为太接近而彼此伤害，不如适度保持距离，以免碰撞，而且还能增进对方的感情。

　　所谓"保持距离"，简单地说，就是不要过于亲密，一天到晚形影不离。也就是说，心灵应贴近，但形体应该保持距离。

　　"保持距离"能使双方产生一种"礼"，有了这种"礼"，就会相互尊重，避免碰撞而产生矛盾。但运用这一技巧时，一定要注意一个"度"，如果距离过大，就会使双方疏远，尤其是现代商业社会，大家都在为自己的事业奔波，实在挤不出时间，这样很容易忘了对方，因此一对好朋友也要经常打个电话，了解对方的近况，偶尔碰面吃吃饭，聊一聊，否则就会从好朋友变成一般的朋友，最后变成只是熟人罢了，两人的友情等级会逐渐递减！

与同事相处也是如此，太远了人家会认为你不合群、孤僻、不易交往，太近了也不好，容易让别人说闲话，而且也容易令上司误解，认定你是在搞小圈子。所以说，不即不离、不远不近的同事关系，才是最难得的和最理想的。

有人说"好朋友最好不要在工作上合作"，有一定道理。

一天，公司来了一位新同事，他不是别人，正是你的好友，而且，他将会成为你的拍档。上司将他交托于你，你首要做的是向他介绍公司的分工和其他制度。这时候，不宜跟他拍肩膀，以免惹来闲言闲语。

私底下，你俩十分了解对方，也很关心对方，但这些表现最好在下班后再表达吧，跟往常一样，你俩可以一起去逛街、闲谈、买东西、打球，完全没有分别，只是闲暇时，以少提公事为妙。

只有和同事们保持合适距离，才能成为一个真正受欢迎的人。不论职位高低，每个人都有自己的工作范围和责任，所以在权力上，切莫喧宾夺主。不过，记着永不说"这不是我分内事"这类的话，过于泾渭分明，只会搞坏同事间的关系。

和上司搞好关系是必要的，但也要掌握"度"，不可以太亲密。上下级之间确有可能很快建立起友谊，并且这对双方都是有利的。问题是这种密切的关系也会带来严重的危险。

因为亲密的关系有可能扭曲或干扰上下级之间正常的工作联系。设想一下，上级告诉你一个秘密，如果被泄露出去，他将受到很大的伤害。上级迟早会后悔把秘密泄露给你，而且，从某种程度上说，他这样做是贬低他自己。

即使上级对你吐露的秘密仅仅是局限于公司内部的事情，但它们也仍然会给你带来麻烦。因为你对他所关心的事情介入越深，你就越会自觉或不自觉地跟着为之操心。

你越是亲近上级，他就越会对你提出更多的要求，这会导致你的失信，而他因此会对你感到失望。试想，如果两个人长时间地呆在一起的话，那么，彼此最终不可避免地会了解双方的怪癖和毛病。倒不是因为你在他面前暴露了自己的缺点，而是因为他的缺点暴露在你面前了，这就可能危及到你的职位。

 人生感悟

> 应当注意寻找与自己平时接触较少的朋友或上级打交道的机会，这种感情上的"平衡"是很需要的。

一定要谨防祸从口出

俗话说："一言可以兴邦，一言可以乱邦。"我们且不说兴邦还是乱邦，就这句俗话本身而言，也足以说明说话谨慎小心的重要性，聪明人的做法是：可以不开口的，就尽可能做到三缄其口。

嘴边没有把门的，有很多害处。比如某君有不可告人的隐私，你说话时偏偏在无意中说到他的隐私，言者无心，听者有意，他会认为你是有意跟他过不去，从此对你恨之入骨。他做的事别有用心，极力掩饰不使人知，如果被你知道了，必然对你非常不利。如果你与对方非常熟悉，绝对不能向他表明，你绝不泄密，那将会自找麻烦。唯一可行的办法，只有假装不知，若无其事。他有阴谋诡计，你却参与其事，代为决策，帮他执行，从乐观的方面来说，你是他的心腹，而从悲观的方面来说，你是他的心腹之患。你即使谨守秘密，从来不提及这件事，万一另有人识破，对外宣告，那么你无法逃掉泄露的嫌疑。你只有多多亲近他，表示自己并无二心，同时设法侦察泄露这个秘密的人。万一对方对你并不十分信任，你却极力讨好他，为其出谋划策，假如他采用你的话，而试行的结果并不好，一定会疑心你在有意捉弄他，使他上当。即使试行结果很好，他对你也未必增加好感，认为你只是偶然发现，不能算你的功劳，所以，你在这个时候还是不说话为好。对方获得了成功是由于采纳了你的计策，而他又是你的上司，那么他必然会怕好名声被你抢去，内心惴惴不安。你知道这一情况后，就

应该到处宣扬，逢人便说，极力表示这是上司的计谋，是上司的远见，一点也不要透露你曾经出了什么力量。

你有得意的事，就该与得意的人谈；你有失意的事，应该和失意的人谈。说话时一定要掌握好时机和火候，不然的话，一定会碰一鼻子灰，不但目的达不到，而遭冷遇、受申斥也是意料中的事。

有句老话叫做"祸从口出"，与人交往一定要把好口风，什么话能说、什么话不能说，什么话可信、什么话不可信，都要在脑子里多绕几个弯子，心里有个八九。害人之心不可有，防人之心不可无。一旦中了小人的圈套为其利用，后悔就来不及了！

每个人都有自己的秘密，都有一些压在心里不愿为人知的事情。同事之间，哪怕感情不错，也不要随便把你的事情、你的秘密告诉对方，这是一个不容忽视的问题。

你的秘密可能是私事，也可能与公司的事有关。如果你无意之中告诉了同事，很快，这些秘密就不再是秘密了，它会成为公司上下人人皆知的事。这样，对你极为不利，至少会让同事多多少少对你产生一点"疑问"，而对你的形象造成伤害。

还有，你的秘密，一旦告诉的是一个别有用心的人，他虽然可能不在公司进行传播，但在关键时刻，他会拿出你的秘密作为武器回击你，使你在竞争中失败。因为一般说来，个人的秘密大多是一些不甚体面、不甚光彩甚至是有很大污点的事情。这个把柄若让人抓住，你的竞争力就会大大地削弱了。

许军是某公司的业务员，他因工作认真、勤于思考、业绩良好被公司确定为中层后备干部候选人。只因他无意间透露了一个属于自己的秘密而被竞争对手击败，终于没被重用。

许军和同事王广林私交甚好，常在一起喝酒聊天。一个周末，他备了一些酒菜约了王广林在宿舍里共饮。两人酒越喝越多，话越说越多。酒已微醉的许军向王广林说了一件他对任何人也没有说过的事。

"我高中毕业后没考上大学，有一段时间没事干，心情特别不好。有一次和几个哥们喝了些酒，回家时看见路边停着一辆摩托车，一见四周无人，

一个朋友撬开锁，由我把车给开走了。后来，那朋友盗窃时被逮住，送到了派出所，供出了我。结果我被判了刑。刑满后我四处找工作，处处没人要。没办法，经朋友才介绍我才来到厦门。不管咋说，现在咱得珍惜，得给公司好好干。"

许军在厦门3年后，公司根据他的表现和业绩，把他和王广林确定为业务部副经理候选人。总经理找他谈话时，他表示一定加倍努力，不辜负领导的厚望。

谁知道，没过两天，公司人事部突然宣布王广林为业务部副经理，许军调出业务部另行安排工作岗位。

事后，许军才从人事部了解到是王广林从中捣的鬼。原来，在候选人名单确定后，王广林便找到总经理办公室，向总经理谈了许军曾被判刑坐牢的事。不难想象，一个曾经犯过法的人，老板怎么会重用呢？尽管你现在表现得不错，可历史上那个污点是怎么也擦洗不干净的。

知道真相后，许军又气又恨又无奈，只得接受调遣，去了别的不怎么重要的部门上班。

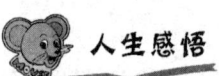 **人生感悟**

> 既然秘密是自己的，无论如何也不能对别人讲。你不讲，保住属于自己的隐私，没有什么坏处；如果你讲给了别人，情况就不一样了。

遇事要能沉得住气

遮遮掩掩，故弄玄虚，是兵家惯用的手法。运用此法必须要有"定力"，也就是说，你必须得有良好的心理素质和绝佳的表演技巧，要能沉住气，这样才能用做招式很好地把自己的真实目的掩藏起来，才够得上一个聪明的交际高手。对此，胡雪岩可谓是商场中行家里手。

有一次，胡雪岩在南京积压了几千轴丝绢，而当时，丝绢行情不好，即使出手，也卖不了几个钱。

胡雪岩灵机一动，和金陵城的几位当要官的朋友和有名望的富绅说好，每人做一件丝绢单衣穿在身上。其他官员和读书人一见，争相仿效，丝绢单衣很快成为时髦，丝绢价格随之上扬，一时间大有洛阳纸贵的势头。

胡雪岩一看时机已到，便让人把仓库的丝绢全拿去卖了，每轴竟卖到了一两黄金的高价。

可是对于一般的小商人而言，"欲揭先盖"的假招式是很难做到的，因为有关得失、利益诱人。真正能像胡雪岩一样，在压力面前能沉住气，必有人生大成就。胡雪岩能够如此沉得住气，就在于他能够将得失心暂时丢开。

现实生活中，人有时候很容易沉不住气，危机出现的时候容易沉不住气，事情太顺了也容易沉不住气。比如王有龄，进京捐官成功，由于有何桂清的保荐，回到杭州很快就得到了海运局坐办的空缺，而在胡雪岩的全力帮助下，涉及王有龄自己以及整个杭州官场人物前途的漕米解运的麻烦，也一举圆满解决。这个时候又恰逢湖州知府出缺。湖州为有名的生丝产地，丰饶富庶，是一个令许多人垂涎的地方。王有龄由于漕米解运的事，已经在杭州得了"能员"之称，这使他一下子又得了湖州知府的肥差。不仅如此，他还同时得到了兼领浙江海运局坐办的许可。一切如意，他实在是太顺利了。

如此顺利，使王有龄自己都不能相信自己的运气会如此之好，他对胡雪岩说："一年工夫不到，实在想不到有今日之下的局面。福者祸所倚，我心里反倒有些嘀咕了。"还是胡雪岩大气得多。他对王有龄说："千万要沉住气。今日之果，昨日之因，莫想过去，只看将来。今日之下如何，不要去管它，你只想着我今天做了些什么，该做些什么就是了。"

胡雪岩的这番话，不外乎是说人要不为荣辱得失所动，不要过多地去想自己面对的得失，而应该要把眼光往远处看，更注意该做必做的事情。这番话虽然是具体针对王有龄的沉不住气说的，但却也实在说出了一番应对人事的大道理。人确实要有一点这种不为宠辱所动、不被得失所拘的大

气。一时的得失荣辱虽并不能都轻轻松松全看作过眼烟云，但比较而言，一时的得失荣辱无论如何比不上该做必做的事情重要。人总是要往前走的，只有做好当下该做必做的事情，才是往前走。再说，一时的荣辱得失，其所得所有，必有它该得该有的缘由。俗话说，没有无由的福祉，也没有无由的灾祸，所谓"今日之果，昨日之因"，即如王有龄的"运气"，其实也是他与胡雪岩的一系列努力"做"出来的。从这一角度看，也就没有必要去为这得或失去犯"嘀咕"了。

在生意场上，要"沉住气"，还表现在能够遇事不惊。遇事不惊，必凌驾于事情之上；达观权变，当安守于糊涂之中泰然处之。不泰然处之不能息止事端，只能生事、滋事、扰事、闹事；不泰然处之不能力挽狂澜，只能被卷入漩涡之中，抛于险浪之巅。遇事不惊，要做到独自一人时，能超然物外；与人相处时，能和蔼可掬；无所事事时，能语默澄静；处理事务时，能雷厉风行；得意时，能淡然坦荡，失意时，能泰之若素。

胡雪岩就是一个很能沉得住气的人。阜康挤兑风潮波及杭州，在杭州主事的螺蛳太太本来是一个很有主见也很能干的人，但她也被突如其来的灾难震得不知所措了。就在这时，胡雪岩回到杭州。他来到钱庄的时候，正遇店里开饭，他居然还有一份"闲情逸致"去看伙计们的饭桌。见伙计们的饭桌上只有几个平常的菜，他居然还有心思嘱咐钱庄"大伙"谢云清，说是天气冷了，该用火锅了。他要谢云清把冬至以后才用火锅的规矩改一改，照外国人的办法，以气温的变化做标准，冬天寒暑表多少度吃火锅，夏天寒暑表多少度吃西瓜。虽然这种关心店员生活的情形以前也有，但在面临破产倒闭的关头还能如此沉得住气，连那些伙计们都感到十分惊异。

胡雪岩知道事业不是他一人创下的，出现现在的局面，当然也不是他一个人的过失，今日之果得自昨日之因，这个时候陷于得失之中不能自拔，不仅于事无补，甚至更加坏事，他告诉自己，不必怨任何人，甚至连自己都不必怨，只想现在该做什么、怎么做，这才是至关重要的。事实上，他由自己沉得住气而来的冷静，使他在危机来到的时候选择的措置手段，大体都还是有效的，比如他那使伙计们惊异的"看饭桌"，对于稳定军心就起到很好的作用。只是客观情势已经不允许也不能够起死回生，再好的手段也只能维持一时，而无法从根本上解决问题了。

在商言商，生意人当然不能不计得失。但许多时候，特别是危机出现的时候，生意人又确实比任何人都需要将得失抛开，因为只有这样，才能真正沉得住气。如果为眼前得失所拘，甚至斤斤计较于得失不能自拔，就很可能被眼前得失所惑而陷于一种迷乱之中，对于眼前该做必做的事情就看不清了。

这里我们看到的是胡雪岩如何做事的一面，而他的故事与交际手段是融为一体的，因此，我们不难从中体会到其交际的聪明之处。

 **人生感悟**

> "气，乃神也；气定，则心定，心定则事圆。"《老子》中的这句话道出了一个人沉住气在事业中的重要作用。

不要给他人当枪使

与同事交往时，必须练得人与人之间虚虚实实的进退应对技巧。自己该如何出牌，对方会如何应对，这可是比下围棋、象棋更具趣味的事情。

在职场中，在上班族漫长的岁月中，免不了会遇到出卖、敌意、中伤等种种料想不到的事情，犹如设在你面前的个个陷阱。如果事先预料这些事的发生，并一一克服，便能安步当车了。

遇上人事问题，你的态度最好是保持中立。

例如有别的主管犯了大错，公司的最高人员大为震惊，又开会又讨论的，而且老板还可能私下召见你，问你各方面的意见，就是其他部门主管（受牵连的与不受牵连的），也有可能找你倾谈。这种种情况，你都不能够一一回避，你还需好好地面对。

老板一定牢骚甚多，指责某人做事不力，某人又能力欠佳，目的只有一个，就是要看你和哪方面关系良好；你不轻易表态，最好是这样，既保

护了自己，又没有伤害别人。

至于其他同事，找着你无非是探口风或想看风使舵，这类人也是得罪不得，尽可能模棱两可，以防被出卖。

要想不掉进陷阱，不被他人当枪使，上面说的中立态度确实很重要。

平日与你关系密切的某部门，其中几位同事突然发生内讧，弄得十分不愉快，成为公司上下的话柄，甚至有些人以为你必然对此事了解甚多，纷纷向你打探。

即日起你应避开，尽量减少与该部门的接触，可能的话，一切联络交由秘书小姐去做。既然没有直接接触，那么，你对事件的前因后果自然是不大了解了。因此，即使有人诉苦，也等于是"对牛弹琴"了。

一天你因公事与某同事一起出差，对方突然问你："你跟拍挡间似乎有很大的问题存在，你如何面对呢？"你一直觉得与拍挡相处融洽，公事上大家都很合作，私人间也是客客气气的，何来问题呢？

冷静一点，世事难料，这当中可能发生了不少问题，有直接的，有间接的，总之不简单。

就算你和拍挡之间真有什么问题存在表面上，你也必须表现得落落大方，微笑一下，反问对方"你看到了什么？"或者"你听到了什么？"对方必然是支吾以对，你可以继续说下去："我们一直相处得好好的，我从不察觉到有什么问题，亦不会因公事发生过不愉快事件！"这个说法，可收到很好的效果。

若对方是有心挑拨，或试图获取情报，你的一番话就没有半点线索可让他查到，间接地还拆穿了他。对方要是真的要透过某些蛛丝马迹或小道消息希望明白一下而已，你的表现也就等于怪他过于敏感了。

不过，很多事情并不如表面那样简单，背后可能有不可告人的目的，真正聪明的人都是办公室里的政治家，他们能绕过陷阱，不会遭人暗算。

当有一天，公司突然向你作出一项提议——譬如调派你到另一部门工作，或把你派驻海外分公司——千万别太快高兴，因为这很可能是一种阴谋，一个托词，最终目的是要消减阁下的权力或影响力。不少行政人员不虞有诈，欣然接受，到后来知悉事情真相时已经太迟。

无论公司的提议是如何有吸引力，在接受之前必须三思，否则的话，你会发觉自己吃了一个有毒的苹果，到时悔之已晚。

在单位与上司的交往中，我们会遇到这样的现象：上司的决策，多是采纳最忠于自己的人的建议和谋划；决策实行起来，最忠心的人也是最不遗余力。一旦由此发生问题，他们自是最能让人信服的"罪魁祸首"，想赖也赖不掉的，这是为人下者无法回避的窘境。聪明的人应该和上司保持一定的距离，远离这些是非，把风险降到最低。以下史实，令人深思。

晁错是汉景帝的一位谋臣，他曾提出过一个"削藩"的主张，也就是将被封为王的刘氏宗族手中所掌握的权力和土地加以削夺，收归中央朝廷所有，因为这些权力的恶性膨胀，已威胁到国家的统一和巩固。

他的父亲得知这一消息后，立刻从老家颍川赶来，对他说："皇帝刚刚登基，你为朝廷办事，却要去剥夺王侯们的利益，离间人家皇族的骨肉，遭人怨恨，你何必要干这种事呢？"

他却说："这么做是会让一些人怨恨，可不这么做，天子的地位就不够尊荣，刘氏的江山就不能够安定！"

父亲说："刘家的江山安定了，我们晁家可就危险了，我这就和你长别了，我可不忍心见到灾祸临头。"说罢竟服毒而死。

那些早就怀有反心的王侯们，便以"清君侧、诛晁错"为借口，在吴王刘濞的联络之下，造起反来，这便是有名的"七国之乱"。

刚刚登基不久的景帝刘启，面对着半壁江山的大乱，手足无措。这时，一位与晁错有仇的大臣袁盎来见景帝。景帝问他："吴楚七国都造起反来，你看这事如何处理才好？"

袁盎说："不值得担忧！"

景帝问："吴王财源充足，又招诱了天下豪杰，处心积虑准备了多少年，如果没有必胜的把握，他怎么敢动手？你根据什么说不值得担忧？"

袁盎说："吴王财源充足倒是不假，要说他手下有什么天下豪杰，那倒谈不上，要是真豪杰，当深明大义，便不会随从他造反了，他的那些人，都是一些无赖子弟、亡命之徒，不会有什么大的作为。"

景帝问："你看怎么才能平息呢？"

人际交往沟通

于是袁盎出谋划策道："吴楚七国相互串连说，高祖（刘邦）封子弟们为王，每人都有自己的地盘，现在贼臣晁错擅自贬谪王侯，削夺他们的土地，因此他们才起而造反，要诛晁错，恢复原来的封地。如今，只有杀了晁错，派遣使臣，赦免吴楚七国造反之罪，恢复他们的封地，这样，无须流血便可平息叛乱。"

景帝沉默好久，这才说道："能够这样自然最好，我何必为了晁错一个人而得罪天下！"

于是，他便命令丞相陶青等人上书弹奏晁错说："晁错不宣扬皇上的恩德，要离间群臣、百姓，无大臣之礼，大逆不道，应当腰斩，父母、妻儿、兄弟姐妹，无论长幼，一律处死！"景帝自然立刻批准执行。

可怜忠心耿耿的晁错，对此一无所知，还正在安排着怎么调兵遣将，征集粮草。当行刑的使臣来逮捕他时，他还以为皇帝召他去商议军国大事哩，特意穿上了朝衣朝服。马车将他载到长安城东市，他这才大吃一惊，因为这个地方是处决死囚的地方，怎么将他拉到这里来了？还没等他反应过来，便被拉下车来，砍头了事，临死时还穿着一身朝衣朝服。

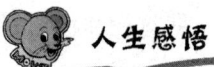

人生感悟

> 聪明的人，很看重自己的利益，如果与自己无关，就算天崩地裂也和自己没关系。对别人之间的是非恩怨和各种斗争，一定要远远离开。

不要把不满写在脸上

在日常生活中，在单位上下级关系间、同事间，感到自己受到了不公平待遇时，许多人表现是不满、愤怒、对抗、暴跳如雷、大骂一通。这些行为，只是把一时的激动情绪简单地发泄了一下而已。结果呢？只是自己白白耗费了心力，于对方无丝毫损伤。而自己受歧视的处境仍然未变，不会发生丝毫的变化，也许受到的伤害更深。而在我们的生活中却有许多人都是这样来对待受歧视的。其实，此乃愚昧粗鲁的方式，不足效仿。

西汉的杨恽，为人重仁义轻财物，为官廉洁奉法，大公无私。可是好人很难一路平安，他正官运亨通、春风得意之时，有人嫉妒他，在皇帝面前说他对皇帝陛下心怀不满，表现得那么廉正只是为了笼络人心，以便图谋不轨。

皇帝虽然不喜欢贪官，但更害怕有人和他唱对台戏，哪怕你才干再好，品德再高，你如果敢对他稍有微词，便会招来灾祸。经人这么一告发，皇帝勃然大怒就把他贬为平民。

杨恽丢了官，十分难过。原先做官时，添置家产多有不便。现在，添置一些家当，与廉政并无瓜葛，谁也抓不到什么把柄。于是他以置办财产来发泄自己的不满，在每天忙忙碌碌的劳动中得到了一定的心理平衡。

他的好朋友孙会宗听说这件事后，预感到他这样下去可能会闹出大事来，就连忙给杨恽写了一封信说："大臣被免掉了，应该关起门来表示心怀惶恐，装出可怜兮兮的样子，以免别人怀疑。你这样置办家产，搞公共关系，很容易引起人们的非议。让皇帝知道了，不会轻易放过你的。"

杨恽心里不以为然，回信给孙会宗说："我认为自己确实有很大的过错，德行也有很大的污点，应该一辈子做农夫。农夫虽然没有什么快乐，但在过年过节杀牛宰羊，喝酒唱歌，来犒劳自己，总不会犯法吧！"

孙会宋的担忧没有多余，又有人向皇帝诬告说，杨恽被免官后，不思悔改，生活腐化；而且最近出现的那次不吉利的日食，也是由他造成的。皇帝不问青红皂白，命令迅速将杨恽缉拿归案，以大逆不道的罪名将他腰斩了，他的妻子儿女也被流放到酒泉。

在这里，杨恽没有处理好与皇帝的关系，本来杨恽以不满皇帝而戴罪免官之后，如果听从友人的劝告，装出一副甘于忍受侮辱、逆来顺受的可怜样子，是不会引起别人注意的。杨恽却没有接受教训，他还要置家产、搞活动、交朋友，这不是明摆着唱对台戏？好吧，治你一个大逆不道之罪杀了，你还能不满吗？因为杨恽不能忍住自己的不满情绪，不会提防皇帝和敌人抓住自己不满的把柄，终于酿成了自己被杀、家人遭流放的悲剧。

我们不需要对那些令人不满的东西发愁，或者大发雷霆。如果这样做，不满情绪虽然得到了宣泄，但往往是无济于事。所以不满大可不必形于言辞。忍耐作为处世艺术，具体运用的方式一般有两种：一是压抑，二是遗忘。聪明的人，能够比较自如地调节内在的心理防御机制，将不快的负性事件及其引起的不良情绪或压抑到意识之下，或遗忘于意识之外。压抑与遗忘相比，遗忘更洒脱彻底。被迫的忍耐无疑有强烈压抑的痛苦。

古今成就事业的人，都有关于忍耐的故事。实际上，只有聪明的人才知道忍耐。如果韩信不知道忍辱，而逞一时报复之快意，那么，他就有可能成为一个杀人犯而被官府通缉。韩信深晓"小不忍则乱大谋"的内涵，不被一时的气愤、羞辱所驱使，使自己免毁于庸俗的纠缠之中。

唐朝有一位宰相，叫娄师德，他的弟弟要到外面去做官，临行前专程到相府向哥哥讨教为官之道。娄师德并没有向他罗列一大堆道理，只是问了他一个小问题："如果你因为政绩不佳，被老百姓唾骂，冲你脸上吐口水，你会怎么样呢？"

弟弟思索片刻，回答道："如果因为我没做好而遭百姓吐口水，那我一定会微笑着将口水拭去。"

娄师德听后不满地摇摇头说："你用手去擦，说明你心里还有气。正确的做法是让风把脸上的口水吹干！"

这样的忍实在令人叹为观止。

郭子仪是唐代中期伟大的军事家、杰出的政治家，在平定安史之乱及藩镇叛乱中，建立了不朽的功勋，被唐玄宗以下四代皇帝倚为国家栋梁，权倾天下，功盖数代。

鱼朝恩是个宦官，他虽然手无缚鸡之力，却以皇帝代表的身份，有权号令天下所有的将领，是一位炙手可热的幸臣。他对郭子仪百般谗毁，却难以撼动郭子仪，仇恨之情无处可发，竟暗中指使人盗掘了郭子仪的祖坟。

郭子仪知道这是鱼朝恩的卑劣伎俩。当时他身任天下兵马大元帅，手握重兵，一举手、一投足都关系着大唐帝国的兴亡，连皇帝都要敬着他三分。要除掉一个鱼朝恩，真可谓不费吹灰之力。当他从前线返回朝廷后，满朝公卿都以为他必将有所行动。岂料郭子仪却对皇帝说："我多年带兵，并不能完全禁止部下的残暴行为，士兵毁坏别人墓坟的事也不少。我家祖坟被掘，这是臣不忠不孝，获罪于上天的结果，并不是他人故意破坏的。"

祖坟被掘，历来被视为奇耻大辱，而郭子仪却能隐忍下来。他权势熏天，却能善终，就不难理解了。

人生感悟

> 人生在世，荣枯之间，本来就浮沉无常，忍得一时委屈，图长远之计，这是聪明者不可或缺的积极主动的交际思想。

表面的弱者是真正的强者

聪明人在受了气、被人欺时要不要退让，很重要的一条便是要看自己是否积蓄了足够的反击力量。

在某乡镇企业内，有一位回乡知识青年，他凭着自己的文化知识，以及好学肯动脑筋的精神，在工作中取得了一定的成绩。这样，乡里的长官对他也是格外器重，青睐有加，尽管没有明确提拔的表示，但赞许之声中似乎也多多少少地包含了这个意思。对此，这个企业中的一位副经理却妒火中烧，经常给他找麻烦。他想：目前忍着，并不是真正怕你，而是不去为暂时委屈而贸然行事。我完全可以告你，而且这个主动权在我手中。只要条件成熟、机会合适，不怕不能战胜你。后来，这位副经理见这位青年仍然一如既往地工作、生活，似乎毫不介意自己的举动，大概是知道自己这样干，反而是把话柄都落在别人手中，便也就收场了。

这里，稍微有点头脑的人，都绝不会把这位肆意对青年人找碴儿、百般刁难的副经理看成是强者。在这场较量中，最后的败北者仍然是他。而那位青年人尽管备受欺凌，甚至是平白无故地遭受打击，但最终的胜利者却是属于他。为什么呢？他赢在何处？而那位副经理又败在何处呢？显然，青年人的法宝在于通过他的忍，而不断地积累了将来反击的力量，而且还在于他具有一种随时出击的可能性。而经理的失败则在于他由于不断地行动而不断地暴露，以至于感到一种心虚、一种害怕。而且相比之下，青年尽管表面上处于劣势和下方，但他有一种主动权。也正是这种主动权，一种引而待发的主动权使那位经理不得不匆匆收场。

作为青年，在单位、公司里受些排挤，不要像3岁的孩子大吵大闹，要是现在斗不过他，说明你反弹爆发的机会还没到。憋着劲去和他耗，说不定他感到了你的力量后，自己先撒火，怕以后你拉开弹弓，一石子打得他狗血喷头呢！

在单位受排挤后，可以采取以下的办法来对待：第一，自己找出受排挤的原因，比如，要是大家以为你太笨老开你的玩笑等，你就应该去学聪明点；第二，对自己的不足针对性去弥补和加强；第三，寻求朋友、上司指点迷津，同时获得支持。

在你的生命中有着种种的力量，这些力量，只要你能发现、你能利用，可以使你成就你所向往的一切东西。

人生的道理就如同物理上的作用力与反作用力一样：你把弓拉得越高，你积蓄的力就越大。其实在平常情况下，我们很难分清楚究竟哪一个人的人生之弓可以拉得更高，得到的力量更大。

开弓蓄力之忍，其力量所在，很重要的一条便是引发忍者本身所具备的巨大潜能。正像沉睡的巨龙，受到打击、侮辱、挑战，反而促使它借势醒来。

一位青年，在大学肄业的时候，他因为家境贫寒常被同学取笑。富裕的同学时常嘲笑他的短脚裤子、褴褛的上衣，以及其他种种寒酸的形象。他的心被这种嘲笑刺得痛苦万分。所以他立誓不但要从这种种嘲笑中把自己解救出来，并且要刻苦努力，使自己日后在世界上能成为一个有价值的人物。

这位青年后来果然获得很可敬的成功。那时他承认在学生时代所遭遇的贫穷的缺陷，全集于他身上的种种嘲笑，是鞭策他向上的唯一的动力。

假如当初林肯不生于贫寒之家，又能进大学，他日后恐怕难以成为总统，因为那样的环境不需要他特殊的努力，如他在黑暗困苦的环境中所需

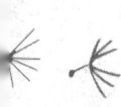

要的。开发他内在的"伟大性"的，就是同不利环境的激战。

 **人生感悟**

> 遭遇刺激而努力奋斗，可以唤出我们的潜力，发挥我们的潜能。没有这种刺激，许多人永远不能发现他们真的"自我"。

吃亏一时可以安乐一世

在日常生活中，我们可以看到，无论是对人对己，忍与不忍，事关重大，忍则心平身安，不忍则祸及身家。所谓"一忍百事成，百忍万事兴"，说的正是这个道理。

忍，也是聪明人人际交往的一个十分重要的法则。忍，并不是目的，而只是一种手段。我们的目的是通过忍而消除矛盾，减少摩擦，最终达到成功。

"忍"曾被误解过，有人以为它是意志软弱、缺乏斗志的表现。这实在只是皮相之见，恐天下不乱。忍别人难忍之事，实在是已在精神境界上超出了一般人，恰恰是意志坚强的表现。"忍"字心上一把刀，说明在造这个字时，中国人已对"忍"字理解十分准确。我们随处可以看到，在一个充满忍让精神的环境中，少生多少闲气，少生多少争斗，人际气氛是多么宽松平和。

牙齿刚硬所以容易折断，舌头柔软所以能完好保存。柔软一定能胜过刚硬，弱小的东西最终能战胜强大的东西。喜好与人争斗一定会受到伤害，而一时勇敢一定会导致灭亡。做各种事情，一个根本的态度，就是忍让。

宽容和忍让有相通之处，但比忍让更富理性精神。

没有宽容就没有宽松。无论你取得多大的成功，无论你爬过多高的山，无论你有多少闲暇，无论你有多少美好的目标，没有宽容心，你仍然会遭受内心的痛苦。

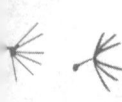

宽容不是容易的事。别人冤枉了你，你感到深受伤害，那你如何去宽容这个人呢？

首先，你应该从对方的立场看问题。这么做，也许会使你看到自己的观点不完全是客观的。

其次，不要愤怒，不要嫉妒。你受到愤怒的折磨，你用敌视坑害自己，而你恨之入骨的人甚至根本不知道你在恨他。

所以，宽容他人不仅为了你的尊严和价值，而且也为了保护自己不受伤害。

宽容和忍让很多时候都需要吃亏，而吃亏是福，是一般人最难理解、最难认同、最难做到的。因为人的天性可以说都是自私的，而自私的心理决定着人们一般都不肯吃亏，更难认同"吃亏是福"的道理。一个人，你可以让他做到大智若愚，做到宽容为怀，但如果你让他处处吃亏，事事都让着别人，他断然不会同意。世上有多少人为了自身利益，为了不吃亏、少吃亏，或为了多占他人便宜，多得他人好处而演出了多少你争我斗的人间闹剧，还是俗语说得好，是你的跑不掉，不是你的争不来。就像该糊涂的时候我们一定要装糊涂一样，该吃亏的时候我们也一定要学会吃亏，而且还要自觉地、主动地去吃些亏，而不要老想着去占他人的便宜。因为占便宜肯定要吃亏，而吃亏则能带来更大的便宜。

在人际关系中，很多东西都是相互联系，相互依存，人与人之间难免有些明争暗夺，有些摩擦，一切都起源于吃亏还是占便宜，又结果于吃亏还是占便宜。"吃亏是福"，极有讲究，上可通天地阴阳，下可通人事地理，这句话充满了人情练达，又合乎辩证法。

从表面上看，吃亏就是吃亏，占便宜就是占便宜，怎么能说"吃亏是福"呢？同样的逻辑推论是"占便宜是祸"或者至少"占便宜不是福"，这该如何理解呢？

我们暂且回归到中国文化传统上，把吃亏当作阴，把占便宜当做阳，这就建立起阴阳两种范畴。我们已经知道，阴阳是固定的，同时又是不断变化和转化的。在一定条件下是阳，在另外的条件下就是阴，或者转化为阴，那么吃亏和占便宜本身是独立的，又是可以转化的。吃亏，表面上是阴，其实是以阴克阳。吃亏了，一是获得了心灵的宁静，二是获得了道义上的支持，三是其实在钱财上也不一定吃亏，等到对方觉悟过来，你的还是你的，我的还是我的，何亏之有？这三条只要得到其中的一条，就算是"吃亏是福"了。同理，占他人便宜的人，一是心理上永远不得安宁，二是让天下人耻笑，三是可能退回别人的财物，即使不退回，一点点儿财物又能怎么样呢？这样看来，也不是"吃亏是福"吗？老子说"福兮祸所伏，祸兮福所倚"，这是用辩证法说明了福埋藏着祸，祸又隐藏着福的道理。那么，吃亏表面上是祸，其实是福，占便宜表面上是福，其实是祸，不就很好理解了吗？

所以说，世事就是两字："福祸"。这两个字半边一样，半边不一样，就是说，两字相互牵连着。所以凡遇好事的时光不要张狂，张狂过了头后边就有祸事；凡遇到祸事的时光也不要乱套，忍着受着，哪怕咬着牙也得忍着受着，忍过了、受过了，好事跟着就来了。

 **人生感悟**

> 屈与伸是辩证统一的，没有屈便没有伸，屈与伸相互依存。一流的聪明之士总是在交际中谋求小屈大伸的最佳方法。

不要总是出风头

聪明的人会在生活中发现：当有人出类拔萃，与别人不一样时，人们普遍的心理不是希望他好，而是众人共同出击，把他拉回到跟自己一样的地步。

社会希望人们从众，与团体保持一致的压力日益增强，无论这个团体是我们的朋友、家庭、或是同事，对着装、举止、说话和思想都明显的有规定好的"准则"，当我们对这些"准则"有所偏离时，我们就不会被社会接纳，就会受到他人的嘲笑。

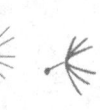

　　为什么在人际交往中人们要对他人持排斥的态度呢？如果看一看"桶里的螃蟹"这则隐喻就能找到部分答案了。如果你把一只螃蟹放进桶里，它会想办法用爪子勾住桶的边缘而逃走。然而，如果你把几只螃蟹放进桶里，就没有一只螃蟹能逃走，因为只要一只螃蟹靠近桶边，其他的螃蟹就会一拥而上把它拉回来。当然，螃蟹并不可能有意识地去阻挠同伴的成功，但是，这种现象似乎很典型地反映了人类的行为。通常来源于人类的嫉妒之心，人们可能会感到他人的成功会映衬出自己的失败。

　　职场行事，遵守规则是远远不够的，更应掌握的，是要了解人性，学会潜规则。过度表现自己是大忌，这只会让人心生厌恶，产生误会，无形中多了不知多少敌人。

　　这是职场中必须在意的小节。以下的故事，当使人们对此有所醒悟。

　　新记者刘奎，报社把他分到娱乐版，跑剧院和影视娱乐圈，这可是个外快不少的美差，其他记者甚是羡慕，可第一天采访就遇见怪事。

　　开完记者会，导演突然偷偷塞了一包东西在刘奎的口袋，刘奎一看是钱，赶紧挡了回去。没想到上车后，导演把钱扔进了车窗，而司机居然不听刘奎喊停车，急忙开上马路。

　　"拉拉扯扯不好看！"司机解释，摄影记者也跟着点头。

　　这怎么好？刘奎急得一进报社就向主任报告，并把钱呈了上去。没两天公布栏贴出记功的告示，嘉奖刘奎的清廉，办公室人人都向刘奎道喜，甚至可以看到嫉妒的眼光。

　　尤其令人嫉妒的是这种行贿事件接二连三地发生。有一次到外地采访，某歌星的妈妈，居然半夜敲门，把钱从门缝塞进来，又像贼似的飞奔而去。

　　采访组长终于说话了："以前我和志红跑影剧，都没这种事，为什么老发生在你身上，你自己也要检讨，从今以后换志红跑影剧！"

　　果然行贿事件不再发生，办公室又恢复了往日的平静。

　　是其他记者都廉洁到分文不取吗？非也！大家拿了红包，有谁会像刘奎那样去交给主任，而且还不止一次，这虽然可以证明自己的清廉，而获赞扬，但是也引来了同事的嫉妒，使自己陷入孤立。水至清则无鱼，人至察则无徒，挡了他人财路，也成了同事职场生存的威胁，成了众矢之的。

这样一来，刘奎被贬"冷宫"也就是迟早的事。而懂得什么时候自己露面，什么时候让同事让领导得风光的人，在职场中才能如鱼得水，游刃自如。

年轻人失败，常败在不知道及时表现自己，也常败在过度表现自己。愈表现，愈得意，得意忘形地忘了别人的存在。

推销员都懂得一种说话技巧，明明知道对方并不懂，却说：

"相信您一定是内行，知道……"然后，把自己要推销的观念说出来。这样做，要比说"你要知道……"的效果好得多。因为前者表现的是同一立场，也是尊重；后者表现的，是假设对方不懂，需要人指点。

人人爱戴高帽子，当然前者的说法最好。

此外，人人都喜欢表现，每个懂一点的人，都自以为是半个专家；而每个专家，都希望自己是专家中的专家。有什么情况，会比在一个专家面前，表现得更专家造成场面更尴尬呢？

一位"大师"带着徒弟参观书法展，站在一幅草书前，大师摇头晃脑地一个字、一个字地读下去。突然，有个字写得太草了，连大师也认不出来，正左想右想的时候，徒弟却笑道：

"不过是个'头'发的'头'罢了！"

当场，大师就变了脸，怒斥道：

"轮得到你说话吗？"

那徒弟犯的错，就是"在老师面前表现老师"，那毕竟是他老师啊。

谈到这儿，我们也常在学术界，听见研究生抱怨："某教授发表的论文，其中多半是我写的。他只是定个题目，全是我做的研究，偏偏到后来署他的名。"

这种事情是不少，但我们也要想想，当那个教授在做研究生的时候，是不是也曾经帮他的教授做研究呢？

有一些"伦理"是长期发展出来的，看似不合理，其中却有一定的道理。

"一将功成万骨枯"，小兵可能会说："白刀子进，红刀子出的仗是我们在打，为什么成名的都是将军？"

当他说这句话时，应该想想：

第一，哪个将军不是从下层升上去的？

第二，当仗打败了，譬如第二次世界大战，上绞刑台的，是那些将军战犯，为什么不是杀人的小兵？

曾有一个博士论文答辩之后，指导教授对通过答辩的学生，很客气地说：

"讲实在话，这方面，你研究这么多年，你才是专家，我们不但是在考你、在指导你，也是在向你请教。"

学生则再三鞠躬说：

"是老师指导我方向，也给我找机会，没有这个机会，我又怎么表现呢？"

当然，人际之间的进退，是有很大技巧的，有些技巧近于不合理，甚至可以称为巧诈。

譬如，当古代皇帝御驾亲征的时候，即使正与敌人对阵的将军，可以一举把敌人击溃，不必再劳动皇帝，但是只要听说御驾要亲征，就常常按兵不动。等到皇帝来，再打着皇帝的旗子，把敌人征服。

这按兵不动，可能姑息养奸，让敌人缓口气，而造成很大的损失，为什么不一鼓作气，把他打下来呢？

此外，御驾亲征，劳师动众，要浪费多少钱财？何不免掉皇帝的麻烦，皇帝岂不更高兴吗？

如果你这么想，就错了，甚至错得可能有一天莫名其妙地贬了职，甚至掉了脑袋。

你要想想，皇帝御驾亲征是为什么？里面难道不存有"好大喜功"吗？他会不会根本知道敌人已经马上要投降，才御驾亲征。他不是"亲征"，是亲自来"拿功"啊！

所以就算皇帝只是袖手旁观，由你打败敌人，你也得高喊"吾皇万岁万万岁！"都是皇上的天威，震慑了顽敌。

人生感悟

> 聪明人懂得不过度张扬自己，锋芒过露会遭受他人嫉妒、打击，给自己带来不必要的麻烦。

学会刚柔相济恩威并用

19世纪中期的美国，在木材行业中，经营规模很大而又获得成功者为数很少，其中经营得最好的莫过于费雷德里克·韦尔豪泽。

1876年，韦尔豪泽意识到，如果没有伐木的权利，木业公司就会衰落，于是他就开始实行一个大规模购买林地的计划，他从康奈尔大学买进5万英亩（1英亩约合4050平方米）土地，后来继续买进大量土地，到1879年，他管辖的土地大约有30万英亩。而正在此时，一个重要的木业公司——密西西比河木业公司吸引了韦尔豪泽的兴趣。该公司具有很多的土地及良好的木材，由于经营者方法不当，导致公司效益不好。于是韦尔豪泽决心收购该公司。在经过双方的接触后，双方同意促成这个买卖。

在收购该公司的价钱上，双方展开了一场激烈的谈判。按该公司的要求，出价为400万美元，而韦尔豪泽则千方百计想把价钱压得低一点。于是他派了一名助手直接与该公司谈判，要求只给200万美元，态度异常坚决，并大讲道理。在经过双方的激烈争执后，韦尔豪泽闪亮登场，以一个中间人的身份出现，建议两者都作出一些让步，并提出自己的方案，声明：若就此方案也达不成协议，你们不必继续谈判。卖方正在苦恼之时，有些"松动的"迹象，自是欣喜。这样，只作了小的修改即达成协议，而买方所得的条件也比原来料想的好得多，最终以250万美元成交。

在这里，韦尔豪泽用先硬后软、软硬并用的政策，收到的效果是显而易见的。从此，韦尔豪泽的事业如虎添翼，20世纪初，韦尔豪泽通过对木材业的各方面的控制，使他的公司发展成为一个强大的木材帝国。

人际交往沟通

东汉初年，冯异治理关中甚见成就，有人向刘秀打他的小报告说："异威权至重，百姓归心，号为咸阳王。"刘秀虽然并不相信这一套，但他也没有就此罢休，而是将这份报告转给了冯异。冯大为惊恐，连忙上书申辩，刘秀便抚慰他说："将军之于国家，义为君臣，恩犹父子，何嫌何疑，而有惧意！"这种效果显然比单独施恩或施威要好得多。

公元214年，刘备夺取四川后，诸葛亮在协助刘备治理四川时，立法"颇尚严峻，人多怨叹者"，当地的官员法正提醒诸葛亮，对于初平定的地区，大乱之后应"缓刑弛禁以慰其望"。诸葛亮认为自己的做法并没有错，他对法正说：四川的情况，与一般不同。自从刘焉、刘璋父子守蜀以来，"有累世之恩，文法羁縻，互相奉承，德政不举，威刑不肃。蜀土人士，专权自恣，君臣之道，渐以陵替"。现在如果我用在他们心目中已失去价值的官位来拉拢他们，以他们已经熟视无睹的"恩义"来使他们心怀感激，是不会有实际效果的。所以，我只能用严法来使他们知道礼义之恩、加爵之荣，"荣恩并济，上下有节，为治之要"。

十六国时期前秦的苻坚357年即位后，任用汉人王猛治理朝政，富国强兵，在近20年的时间内，先后攻灭前燕、仇池、代、前凉等割据政权，占领了东晋的梁、益两州，把整个黄河流域和长江、汉水上游都纳入了前秦的控制。为了争取支持者，他对各族上层人物极力优容和笼络，如鲜卑族的慕容垂、羌族的姚苌，都毫不见疑地委以重任。对苻坚这一做法的失误之处，谋臣王猛曾多次劝说苻坚对那些异族重臣有所制约，甚至还不止一次利用机会，设法除掉这些人。但苻坚迷信自己对他们的恩义，阻止他这么做。

王猛逝世之前恳切地告诫苻坚："鲜卑、羌虏，我之仇也，终为人患，宜渐除之，以便社稷。"不幸的是，苻坚没有重视他的告诫，先是在攻晋问题上接受了他们别有用心的怂恿，继而在淝水战败后，当他们一个个叛离时，仍幻想用"恩义"来笼络他们。在鲜卑贵族慕容垂、慕容泓相继谋反后，苻坚面责仍在自己手中的原前燕国主慕容玮说"卿欲去者，朕当相资。卿之宗族，可谓人面兽心，殆不可以国士期也"。在慕容玮叩头陈谢之后，他又说："《书》云，父子兄弟无相及也。……此自三竖之罪，非卿之过。"

于是"复其位而待之如初"。但是，这个慕容玮并未为苻坚这一套所感化，在暗中仍企图谋杀苻坚来响应起兵复国的慕容氏鲜卑贵族，后来因谋泄才被苻坚擒杀。后来苻坚兵败穷困这才后悔不听王猛的忠谏，但这时大局已无法挽回了。

由此可见，恩威并济，软硬兼施，是非常重要的。

人生感悟

> 一刚一柔，天下之至道也。我们在日常交际中，一定要学会刚柔并用，灵活应变。没有必要一味地强硬或是软弱，而应根据具体情况，将两者结合运用。

利用对方的攀附心理

攀龙附凤之心大部分世人都有，谁不希望有个声名显赫的朋友——一个明星，或者随便什么大人物？如果能跻身于他们的行列，自己也便沾上了荣耀，在别人眼里也就身价大增了。

有个名叫艾布杜的人，本来穷困潦倒，身无分文，就是使用了这种手段，不但有了许多名人做朋友，还为自己带来了百万家财。艾布杜在他的签名簿里贴有许多世界名人的照片，再模仿名人的亲笔字，签写在照片底下，艾布杜便带着这几本签名簿浪迹环宇，登门造访工商巨子和好名的富翁。

"我是因仰慕您而千里迢迢前来拜访您，请您贴一张玉照在这本《世界名人录》上，再请您签上大名，我们会加上简介，等它出版后，我会立即寄赠一册……"被他拜访的富豪，一看到其中的照片和签名都是当代世界的名人时，会有什么反应呢？人都是好名的，尤其是有钱人更爱虚名。因此，多数的人都心甘情愿地签下大名，并提供照片。

又由于这些人有的是钱，又喜欢摆阔，一想到能跟世界名人排名在一

起，便感到无限风光，这样一来，他们就会毫不吝惜付给艾布杜一笔为数可观的金钱。

每本签名簿的出版成本不过是一两美元。而富人所给的报酬，却往往超过上千元美金。艾布杜整整花了 6 年的时间，旅行 96 个国家，提供给他照片与签名的共有 2 万多人。给他的酬劳最多的 2 万美元，最少的也有 50 美元，总计收入大约 500 万美元。

如果你觉得这人的做法有些近似招摇撞骗，那么让我们再看一个正面的例子。这个故事是美国黑人出版家约翰逊的亲身经历，读来甚至有些令人感动：

有一次，我就是用这个做法招徕真尼斯无线电公司的广告的，当时真尼斯公司的头头是麦克唐纳，他是一个精明能干的总经理。我写信给他，要求和他面谈真尼斯公司广告在黑人社区中的利害关系，麦克唐纳马上回信（我断定他只是想抛开我）说："来函收悉，但不能与你见面，因为我不分管广告。"我不能让麦克唐纳用那官腔式的回信来避开我，我拒绝投降。答案是再清楚不过的：他管的是政策，相信也包括广告政策。我再次给他写信，问问我可否去见他，交谈一下关于在黑人社区所执行的广告政策。"你真是个不达目的誓不罢休的年轻人，我将接见你。但是，如果你要谈在你的刊物上安排广告的话，我就立即中止接见。"他回信说。

于是就出现一个新问题。我们该谈什么呢？我翻阅《美国名人录》，发现麦克唐纳是一位探险家，在亨生和皮里准将到达北极那次闻名探险之后的几年，他也去过北极。亨生是个黑人，曾经将他的经验写成书。这是个我急需的机会。我让我们在纽约的编辑去找亨生，求他在一本他的书上亲笔签名，好送给麦克唐纳。我还想起亨生的事迹是写故事的好题材，这样我就从未出版的七月号《乌檀》月刊中抽掉一篇文章，以一篇介绍亨生的文章代替它。

我刚步入麦克唐纳的办公室，他第一句话就说："看见那边那双雪鞋没有？那是亨生给我的。我把他当做朋友。你熟悉他写的那本书吗？""熟悉。刚好我这儿有一本。他还特地在书上为你签了名。"麦克唐纳翻阅那本书，接着，他带着挑战的口吻说："你出版了一份黑人杂志。依我看，这份杂志上应该有一篇介绍像亨生这样人物的文章。"我表示同意他的意见，并将一本七月号的杂志递给他。他翻阅那本杂志，并点头赞许。我告诉他说，我创办这份杂志就是为了弘扬像亨生那样克服重重困难而达到最高理想的人的成就。"你知道，我看不出我们有什么理由不在这份杂志上刊登广告。"他说。

 **人生感悟**

> 在和别人交涉事情时，聪明人可以间接地抬高自己的身份，巧妙地利用人的攀龙附凤之心，从而达到自己的目的。

对待对手不要有妇人之仁

齐桓公死后，宋襄公自视爵高位显，便想取代齐桓公的霸主地位，趁齐国内乱，他帮助太子昭当上了齐国的国君。这一下他自认为宋国真的强大得不得了了，竟不自量力地摆起了霸主的架子。然而，在那一切凭实力说话的时代，众诸侯哪里可能买他的账。

宋襄公见诸侯不买自己这个"霸主"的账，便想借助楚齐的威力压服众诸侯，然后再借诸侯之力压强楚。宋襄公派人重贿楚国，约定次年春会盟于位于齐国的盂地，齐孝公因为是靠宋襄公的帮助上台的，只好答应按时到会。

会盟期到，宋襄公的弟弟目夷建议宋襄公带些军队前往，不要对强楚掉以轻心。宋襄公为了表示自己很讲"信义"，不仅不听目夷的话，他怕目夷在他走后暗地派兵前往护驾，还带着目夷一同赴会。令宋襄公万万想不到的是，早就有图霸之心的楚国竟然兵围盟坛，俘虏了宋襄公，并且挟宋襄公向宋国攻来。

好在目夷已趁乱从盂地逃回宋国，并且抓紧进行了布置，睢阳城已做好了抗楚的准备。当楚军大兵压境之时，目夷继任宋国国君，本来视宋襄

公为奇货，一心想拿宋襄公要挟宋国的楚王大为光火，下令攻城，结果连攻了三天，也没攻下来，楚王无奈，只好撤兵放人，宋国免除了灭国之危。

按说，由于宋襄公的愚蠢，宋国差点被毁，特别是当宋襄公身陷图圄、国势危难之时，目夷毅然挑起捍国卫土的重任，就任国君之位，以他出色的才智和勇敢，粉碎了楚国吞并宋国的阴谋，就应该心安理得地把这个国君当下去，可才智出众的目夷手却太软，当听说宋襄公被释放后，马上派人把宋襄公接回宋国，仍旧让宋襄公当宋国的国君，自己重居臣位。

从狠交法的角度来看，目夷的这种做法并不可取，因为目夷当国君对宋国来说，比宋襄公要有利得多，可他竟然为了自己的"名声"和面子，而不顾国家之利，让一个满口空讲"仁义道德"的家伙，执掌国家大权，从而埋下了大败的隐患。

盂地之盟，宋襄公因固执地要对强楚大行仁义，而被楚王嘲笑戏弄了一把，险些国破身亡，按理说此后他应该学得狠一点了，可他依然坚持在不该讲仁义的地方大讲仁义，结果吃了更大的亏。

公元前 638 年 3 月，郑文公朝楚。就是这个郑文公，当初会盟时首先倡议尊楚王为盟主，现在又带头把楚王当盟主来朝拜了，使仍在做着霸主迷梦的宋襄公无法忍受，于是便不顾双方的实际情况，贸然兴兵伐郑。宋军攻郑，楚国岂能袖手旁观？楚王派成得臣为大将、斗勃为副将向宋国杀去。

宋襄公与司马子鱼紧急研究对策，司马子鱼问宋襄公靠什么取胜，宋襄公回答说："楚国虽然兵甲不足，但仁义有余。从前武王只有三千猛士，却战胜了殷纣王的上万军队，靠的完全是仁义。"

于是，宋襄公在战书的末尾批上十一月初一，双方在泓阳交战。又命令制作一面大旗插在大车上，旗上写着"仁义"两个大字。司马子鱼暗暗叫苦不迭，私下里对乐仆伊说："战争本来就是谋略运用与厮杀，如今却说仁义，我不知道我们国君的仁义在什么地方啊！上天夺去了主君的灵魂，我认为已经很危险了！我们一定要小心行事，不使国家灭亡就万幸了。"

楚军成得臣在泓水岸北驻扎，大将斗勃请令说："我军应五更时渡河，以防宋兵布好战阵攻击我军。"成得臣一笑说："宋襄公做事迂腐至极，一点不懂兵法。我军早渡河早交战，晚渡河晚交战，有什么可担心的呢？”天亮以后，楚军才陆续开始渡河。司马子鱼请宋襄公下令出击，并说：“楚军在天亮才渡河，过于轻敌。我们应该乘他们没渡完，冲上前去厮杀，是以我们全军攻击他们的部分，如果让他们全部渡过河来，楚兵多我军少，恐怕不能得胜，您看怎样？”宋襄公指着那面“仁义”大旗说：“你看见‘仁义’两个字了吗？我堂堂正义之师，岂有乘敌军渡一半而出击的道理？”司马子鱼又暗暗叫苦。一会儿工夫，楚兵全都渡过了河。成得臣戴着精美的帽子，上面扎着玉缨，上身绣袍，外着软甲，腰挂雕弓，手执长鞭，指挥士兵东西布阵，气宇轩昂，旁若无人。司马子鱼又对宋襄公说：“楚军正在布阵，尚未形成队列，现在立即击鼓进攻，楚军一定会大乱。”宋襄公往他脸上吐了一口唾沫呵斥道：“呸！你贪图一次冲锋获得的小利，就不怕不配千秋万代的仁义之名吗？我堂堂正正之师，岂有乘敌人没列成阵就进攻的道理？”司马子鱼只好再次暗暗叫苦。楚兵摆好阵势，只见人强马壮，漫山遍野，宋军人人面带惧色。此时，宋襄公才下令击鼓，楚军中也响起战鼓声，宋襄公自己举着的长矛和护卫的官兵催马向楚阵冲来。

成得臣见宋兵来攻，暗自传下号令，打开阵门，只放宋襄公一阵车马进阵。经过一阵冲杀，宋军大败，那面“仁义”大旗也被楚军夺走。宋襄公身上受了许多伤，右腿中箭，折断了膝中之箭，已站不起身来。幸好司马子鱼起来，把他扶到自己车上，并且用自己的身体挡在前面，奋勇向外冲出。等到冲出楚阵，护卫的官兵已没有一个生存。宋军的战车兵甲，大都丧失。成得臣乘胜追击，宋军大败。司马子鱼与宋襄公连夜逃回都城，不久，宋襄公伤重而亡。宋兵死的人很多，他们的父母妻子都聚在一起讥讽宋襄公，埋怨他不听司马子鱼的话，以致有此大败。令人可笑的是，宋襄公至死不悟，对于国人的埋怨感叹道：“君子不重伤别人，不擒拿头发黑白相杂年纪大的人。我要用仁义带兵，岂能仿效这种乘别人危险而行动的事情？”简直迂腐到了极点。凡是敌人，能俘虏的就应该俘虏，还分什么年纪大年纪小？受了伤的敌人而不放下武器，你不杀他他也不杀你吗？何况当时宋军正被楚军打得落花流水，哪里还谈得上杀楚军的伤兵和俘虏楚军呢？举国上下，没有不讥笑他的。

心慈手软对政治家、军事家来说，都应该算是致命的弱点，是他们失败的一个重要原因。因为他们面对的是你死我活、你上我下的斗争，对敌人的仁慈就是对自己的残忍，这个道理是显而易见的。比如楚汉之争，本来是你死我活的事情，项羽在关键时刻，却来个"妇人之仁"，放刘邦一马，放的结果是虎归山、龙入海，项羽最后只能"霸王别姬"。

 **人生感悟**

> 　　社会是现实的，竞争更是残酷的，对自己的对手心慈手软，下不了手，就是对自己的残忍；对团体所面对的竞争对手慈悲，就是对自己团体的残忍。

抓主要矛盾的釜底抽薪

1953 年夏，一艘当时世界上最豪华的游艇驶进了沙特阿拉伯的吉达港，这艘名为"克里斯蒂娜"的游艇，谁都知道是希腊船王奥纳西斯所有。奥纳西斯夫妇既非度假旅游，也非到麦加朝圣，他们来沙特阿拉伯究竟为什么呢？

"我们应该想到奥纳西斯在觊觎阿拉伯的石油，否则他到吉达一事就无法解释。但是他将怎样对付拥有开采那里的石油垄断权的阿美石油公司呢？"美国《华尔街日报》这样猜测并提出了问题的关键。

众所周知，沙特阿拉伯享有大自然赐予的得天独厚的宝贵财富——石油。1953 年，世界石油总产量为 6.5 亿吨，而沙特阿拉伯就占了 4 亿吨，而且每年增长 5 千万吨至 1 亿吨。

西方实业家嗅到了这巨大财富的气息，争先恐后地来到这阳光炙人的国度，意在争取沙特石油的开采和运输权。但阿美石油公司和沙特国王早就订有明确的垄断开采石油的合同：每采出一吨石油，给沙特相当数目的特许开采费，石油采出后，由阿美石油公司的油船队运往世界各地。阿美

石油公司的这堵高墙，严密地保护着它的特权，几乎连一点缝隙也没有。其他公司只好望洋兴叹，含恨而归。然而奥纳西斯在设法搞到合同复制件后，经过仔细研究，却发现合同并没有排斥沙特阿拉伯拥有自己的油船队来从事石油的运输。

这不是阿美石油公司严密防守的高墙的缝隙吗？而且正是奥纳西斯完全有能力钻进去的缝隙。石油不运出沙特阿拉伯就不能获得它应有的市场价值。因此只要设法垄断沙特阿拉伯石油的海运权，形势就会对阿美石油公司大为不利，从而可以迫使它转让出部分股份，奥纳西斯就可以实现他直接插手石油业的愿望了。

带着美好的憧憬，奥纳西斯在吉达港一下船，就直奔沙特阿拉伯首都利雅得，到王宫作了一次"闪电式"的访问。他和年迈的国王作了长时间的密谈。

"年高德重的国王啊，安拉将人间的财富赐给您，您为什么不想法把您应得的钱再提高一倍？阿美石油公司把您的石油开采，通过运输又赚到两倍的钱。您为什么不自己买船运输呢？阿拉伯的石油理应由阿拉伯的油船来运输啊！"

听了船王这番话，国王由惊愕变得兴奋……

几个月后，奥纳西斯和沙特阿拉伯国王签订了震撼世界企业界的《吉达协定》。协定规定：成立"沙特阿拉伯油船海运有限公司"，该公司拥有50万吨的油船队，全部挂沙特阿拉伯国旗。该公司拥有沙特阿拉伯油田开采的石油运输垄断权，该公司的股东是沙特阿拉伯国王和奥纳西斯。

协定的签订宣告了奥纳西斯的成功。这个协定一旦全部实行，沙特阿拉伯和奥纳西斯各自想得到的都将得到，阿美石油公司却将遭到致命的打击，锅底燃烧正旺的柴被抽走了，锅里的水还能开吗？

奥纳西斯在沙特阿拉伯以"闪电外交"击败世界最大的石油公司——阿美石油公司，靠的就是釜底抽薪——找到对手的弱点，成功地攻击对手的生命线。每个企业经营者都有可能遇到强大的对手，不要和他硬碰硬，聪明人应该懂得，无论他多强大，都有他赖以生存的生命线，这就是沸水锅底的燃柴，找出来并抽掉它，再和他斗智斗勇，就容易得多了。

蒙特利讨债公司在帮助债权人讨债当中，并不像人们想象的那样，对债务人铁面无情，如果他们发现债务人确无还债能力时，会帮他们想办法，而且不要任何报酬。其实，这也是蒙特利讨债公司的一种经营策略，帮助债权人讨回了欠款，一切报酬不也就在其中了吗？

蒙特利讨债公司里有一位名叫亨利特的高级雇员，他以前在警察局里干过，很有一些办案经验，而且颇具正义感，遇到不平的事，他总要管一管。

一年夏天，公司让他去向弗雷斯游乐园收回100万元欠款。亨利特接受任务后，立即行动。他先把有关材料看了一遍，然后才去找债务人——阿贝拉尔多游艺场的老板。

亨利特来到游艺场，发现这里已经关了门。他费了半天劲，才找到了老板阿贝尔多的家。可是，他来晚了，阿贝尔多刚刚在家里自杀了，他的妻子麦丽昂和女儿，正守在他的尸体旁哭泣。

麦丽昂听说亨利特是讨债公司的，立刻低下头说："对不起，阿贝尔多自杀了，留下我们母女二人，我们实在没钱还债。"

亨利特说："我看了有关你们的一些材料，我不明白，你丈夫开的游艺场，开始生意不是挺红火？怎么后来竟会倒闭？"

麦丽昂眼里忽然流出泪水，说：是的，开始生意不错，可后来……她看了一眼自己的女儿，摇了摇头，没有再往下说。

亨利特这时才发现，阿贝尔多的女儿长得十分美丽，他忽然感到，一定是有什么意想不到的灾难降临到这个家里，所以才迫使阿贝尔多不得已自杀。亨利特请求麦丽昂把话说下去。

麦丽昂告诉亨利特，当地的烟草大王古斯曼看中了她的女儿，非要娶她为妻不可。可是，古斯曼已经是个60多岁的老人了，而且听说，他和地方上的黑社会有勾结，因此，她和丈夫都不同意，没想到，这下竟得罪了这个老色鬼，他指使一帮歹徒，三天两头到游艺场乱打一通，吓得谁还敢去，就这样，游艺场倒闭了。亨利特听完，气得紧握拳头，心中暗说：古斯曼，我决饶不了你！他安慰母女二人，不要着急，债款的事，他会帮他们想办法。

麦丽昂听了，只是苦笑笑，她以为亨利特这样说，只是为了安慰她们母女，因为，这笔债款可不是个小数目。

亨利特找到旧日警察局里的朋友，请他们帮忙提供有关古斯曼的材料。亨利特知道，凡是这样的人，他们的材料都会掌握在警察手里。

朋友们给了亨利特很大帮助，他们告诉他，古斯曼不仅和黑社会有联系，而且还有走私毒品嫌疑，很长时间了，警方一直在找寻他的罪证，可是一直也没有发现。不过，有一个人很值得注意，就是古斯曼的私人秘书斯耐特，警方怀疑他在毒品交易中担任着一个重要的角色。

得到这些材料后，亨利特心里十分高兴。他决定跟踪斯耐特，摸清他们的底细。

亨利特利用当警察时学到的一些侦察手段，趁斯耐特到海滨游泳时，把一枚微型窃听器巧妙地安装在了他的鞋跟里。

就这样，亨利特靠着这枚微型窃听器，掌握了古斯曼走私毒品的交易地点，并用录像机把整个交易过程全部录了下来。

掌握了这些可靠证据后，亨利特找到古斯曼，让他包赔阿贝拉尔多游艺场的全部损失，不然，他就把录像带交给警方。亨利特同时警告古斯曼，不要耍花招，他今天带来的录像带只是一个复制品，如果他出了事，原带就会落到警方手中。

古斯曼知道自己遇到了一个强有力的对手，为了保证自己不进监狱，他只得交出一大笔钱给阿贝尔多的夫人麦丽昂。麦丽昂用这笔钱不仅还清了所有欠款，而且还使游艺场重新开张。

后来，麦丽昂的女儿嫁给了亨利特。有的朋友说，亨利特帮助麦丽昂母女，是因为看中了人家的女儿。对此，亨利特只是笑笑，并不反驳。

不管亨利特是不是为了人家的女儿，当初是否有那种动机，可是他最终帮助麦丽昂母女还清欠款这件事，是否可以算做"围魏救赵"的好典故呢？

可见，"围魏救赵"的"狠"招不仅在军事上可以通用，在商场和其他方面的人际关系中也可以灵活运用。

 **人生感悟**

> 釜底抽薪，意在抓主要矛盾，然后攻取之。在争斗双方，运用此法是指双方在剑拔弩张的时候，避免作正面的主力攻击，而从对方的背后下刀。

要会说善意的谎言

一般人认为，真诚是消除戒心的最好法宝，但在聪明人看来真诚并不等于不要谎言。说谎好不好？让下面这个故事来说明：

有位肥胖的先生，去看医生，希望减肥。医生说："你这么胖是不是什么病症引发的呢？我先给你做体检吧。"

体检完毕，医生沉重地告诉病人："我发现你的肥胖还是次要的，你得了癌症，已活不过3个月。"

病人一听痛苦万分，既然如此，还减什么肥呢？就悲哀地回到家，每天都忧虑着活不过3个月。可3个月后他居然还没死，于是气愤地跑去责问医生。

可医生反问："你以前找我干什么？"

"减肥啊！"

"那你现在是不是减了肥呢？"

如果你胆敢说自己绝不说谎，那么这句话本身就是谎言。当别人送礼物给你，你心里不大满意，但表面上却仍说很喜欢，这不是谎言吗？

人性中一条很重要的弱点，就是大家都乐于被虚假的事实所安慰。福尔摩斯在柯南·道尔笔下早已死亡，可读者纷纷表示不满，扬言如果福尔摩斯不活过来，就要杀死柯南·道尔，逼得柯南·道尔硬编出了故事让福尔摩斯复活。

有些小姐就乐意别人欺骗。比如，三番五次地问恋人："你爱我吗？"

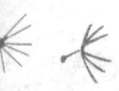

废话！你当着他的面问，他敢说不爱你吗？"当然爱你了，这个世界上我就爱你一个！"

于是小姐高兴了。

有些小姐也喜欢问恋人："以前，你谈过朋友没有？没关系，老实告诉我好了，即使谈过我也不会计较的。"

老实的先生就一五一十地说谈过。好，只要以后吵架，那位小姐准会旧事重提，"哼，你与以前的情人如何，如何……"总是在两人关系上投下阴影。

聪明的先生此时都骗一下女友："没谈过，你是我的初恋。"有些怕女友不信，就说："谈是谈过，但没什么，只是拉了一下手。"

这样小姐一定乐意。

人都喜欢幻想，都喜欢陶醉在甜蜜的梦里，而现实却永远是冷酷的，缺少浪漫色彩。那么有时骗一下人，让他沉浸在梦想里，享受生活的甜蜜，也未尝不是一件好事。你何苦要让他清醒，而面对残酷的现实，感受生活的无情呢？

有一对夫妻，到国外去创业，刚开始时，他们的生意做得比较顺，赚了一些钱。一次，生意上出现了一些麻烦，导致他们的生意破了产。他们一无所有了，而且还要偿还银行贷款，妻子十分绝望，已经没有了活下去的信心，丈夫为了鼓励妻子的信心，就对她说："你不要急，我还有一部分存款，只是现在不能花，不到万不得已时不拿出来用。"

妻子听了丈夫的话，心理得到了一丝安慰，她不再绝望了，恢复了继续奋斗下去的信心和决心。其实，丈夫根本没有存款，只不过想通过这个善意的谎言来安慰妻子而已。

其实，人人反对撒谎，但善意的谎言值得提倡。在我们日常工作与生活中，每个人都应该学习这种有效的撒谎方法，它是一种善意的谎言，如果在与人交往中能够灵活运用，一定会使你魅力大增。

人生感悟

> 谈话必须要察言观色，区分不同的谈话对象，估计不同的谈话反应，设计不同的谈话方式。

ZHANGKONG YISHENG DE
99GE GUANJIAN WENTI

与三教九流巧结人缘

要干成一件事，往往会遇到许多意外的问题，因此也就需要各种不同类型的人才来解决。干大事者周围多有谋臣策士，使之诸事顺畅；一旦陷入僵局的时候，自有这些谋士帮忙使之化险为夷。善于使用智者，实在是一种高超的能力。

人才是专才，不可能是全才；用人所长，那么这个人就是人才；如果用人不用其所长，那么这个人就不能是人才了。比如，我们常常把那些没有什么正经事做，游手好闲的人称作"鸡鸣狗盗之徒"。在一般人眼光看来，进入这个范围的人，可能这辈子就没有什么戏了。但是不然，这真应了李白那句"天生我才必有用"的著名诗句。

春秋时期，齐国派孟尝君出使秦国，秦昭王想让孟尝君做相国。有人劝秦昭王说："孟尝君很有本事，又和齐王是本家，如果在秦国做了相国，他一定先替齐国打算而后才为秦国谋利，那么秦国就危险了。"

于是秦昭王就不让孟尝君当相国了，而且把他关了起来，想把他杀掉。孟尝君派人求秦昭王的一个宠姬帮着解脱。这个宠姬说："我想要孟尝君的白狐狸皮裘。"

孟尝君有这样一件皮衣，价值千金，天下无双；然而他在到了秦国以后，就献给了秦昭王，现在再没有这样的皮衣了。孟尝君很发愁，问遍门客，谁也想不出对策。这时，常坐在最后边的座位上的一个食客说："我能弄来狐白裘。"

他在夜里装成一条狗，进入秦王宫中储藏东西的地方，偷出孟尝君献给秦昭王的那件皮衣。孟尝君又把这件皮衣献给了那个宠姬。宠姬替孟尝君向秦昭王讲了情，秦昭王就把孟尝君放了。

孟尝君行动自由了以后，换了证件，改了姓名，混出了咸阳，半夜时分，到了函谷关。秦昭王放了孟尝君以后，又后悔了，让人去寻，而孟尝君已经逃走了，于是他就派人驾车追赶。

孟尝君逃到了函谷关下，很怕追兵赶到。秦国的关有一条规定：鸡鸣以后才准放人通行。这时，另一个常坐在后边座位上的食客说他能学鸡鸣。于是他学起了鸡鸣，随后附近的公鸡也被引得齐声鸣叫起来。守关的人听到鸡叫，就开关放人通行，孟尝君得以出关去了。

过了不久，秦昭王派的追兵来了，却扑了一个空。

当初，孟尝君把这两个做狗盗、学鸡鸣的人当宾客招待，别的宾客觉得是辱没了自己，脸上无光。但当孟尝君在秦国遭难而靠这两个人才得救之后，别的宾客都佩服这两个人了。

张之洞非常精通交际与生存之道，尽可能地巧结人缘。

1884 年 5 月，清廷谕令张之洞署两广总督，张之洞可谓是受命于危难之中。6 月初，张之洞经天津乘轮船，途经上海，前往广东。沿着万里海疆，轮船航行 20 多天，7 月 8 日抵达广州。10 多天后，前任两广总督张树声移交了官防印信。张之洞不及稍事休息，便立即着手处理紧张而繁多的备战事务。他询访同僚，了解战情；核算军费，计划购需；考察地形，巡视炮台；激励将士，劝督团练。为了筹备战守事宜，他数月以来食不甘味，夜不安席，全力以赴地开展各方面的工作。

而在当时情况下，要想做好防务工作，协调好粤省各方大员和军队的关系是当务之急。当时存在着满汉矛盾、湘淮矛盾、主客矛盾，而这些矛盾中最主要的则是"振雪不和"，即张树声与彭玉麟之间的矛盾。自"同治中兴"以来，清朝的主要军队为湘、淮军，两军素有门户之见。钦差大臣、兵部尚书彭玉麟与前任两广总督张树声分别是湘、淮军的著名战将。朝廷调彭玉麟来广东的直接原因，正是认为张树声办理军务不善。张树声还曾经阻止彭来广州，所以两人关系紧张早已众所周知。

张之洞在奉命签署两督时，即致函彭玉麟，对他称颂备至，夸他以往

屡辞高官不就，隐身江湖，过着逍遥闲逸的生活，可是一旦时局危难，他立刻挺身而出，丝毫也不计较职位的高低、权力的大小，精神矍铄地奉诏率军来到海防前线，从此南方边防多了一道可以凭倚的万里长城。还赞扬他不但勇敢无畏，更是胸怀韬略。在信中张之洞还对彭玉麟倚重有加，说自己来到南海，想让国防前线固若金汤，还必须依靠他的言传身教，希望他能传授机宜，在一些重大决策上帮助自己作出裁断，并表示在某天一定前往拜访，亲耳聆听指教，不胜感激，等等。彭玉麟看了信后自然很高兴，对张之洞当然是倍加信任了。

张之洞笼络住了彭玉麟，就又开始安抚张树声了，这可是一个棘手的问题，因为张树声对张之洞的到来是心怀疑忌的，且不说张之洞对淮系总头目李鸿章"和戎外交"的不时抨击，就说这次吧，本来李鸿章、张之洞、张佩纶大力保荐的云南巡抚唐炯、广西巡抚徐延旭临阵畏敌，弃战逃跑，造成了越北山西、北宁失守的败局，对这事张之洞是有一定责任的，更何况唐、徐都是与张之洞沾亲带故的人物呢——唐炯是张之洞已故唐夫人的弟弟，徐延旭是张之洞姐夫鹿传麟的儿女亲家，这就是说按照常理，张之洞是脱不了干系的，但是出人意料的是张之洞不仅没受到处分，朝廷反而以张树声办理防务不善为借口，令张之洞取代他成为两广总督，但又不将张树声调离广州，仍令他参与军务，明显有贬黜之意。张树声自然心中不快。但是张之洞抓住了一个机会，融洽了自己、彭玉麟、张树声三人之间的关系。

事情是这样的：张树声督粤时，有不少人参劾他，说他任情徇私，巧取财物，玩视边防，贻误地方，名不副实，难胜重任……于是朝廷要求彭玉麟、张之洞查清复奏。张之洞知道，张树声虽已革职，但仍有相当大的势力，原领淮军各部自不待言，即便是各府州县官吏，也多有攀附，值此时正用人之际，不应自毁长城。因此，他在接到谕旨后，经过斟酌，向张树声通报了谕旨及各条参奏内容，准许他声辩。后来又与彭玉麟密谈，想方设法使彭不计前嫌，同意共保张树声，最后两人联合递上了一份"查复张树声参款折"，该折篇幅很长，折中对参劾张树声的各条一一做了答复。在许多方面，张、彭显然在为张树声遮掩。张、彭在奏折中不仅为张树声

——作着辩护，而且称赞他，一贯做事谦虚谨慎，久经疆场，一直刻意自爱，在各地为官都是孜孜求治，至于被参原因，都是因为属僚妄生揣测，怀疑他排挤其他将领，由于人们不了解情况，各存成见，于是浮言就多了起来。

张之洞和彭玉麟的做法当然令张树声感激万分，就这样，张之洞抓住这一关键事件，不但消除了张树声对自己的猜忌，而且使张、彭之间的芥蒂顿然消除，三人关系因此融洽起来，张之洞内外调度就顺手多了，从而使广州的防务得以顺利进行。然后，张之洞为了尽量发挥他们的长处，使他们在中法战争中为自己所用，而且特别注意对他二人采取不偏不倚的态度，他请二人分别担任广州防务的两个重要方面，使之能消除隔阂，同心协力，同心对敌。他们三人与广东巡抚倪文蔚反复商议，制订出总体防务规划。当时法军军舰累犯中国领海，对省城广州威胁甚大，所以筹备"省防"则是首要的防务任务。张之洞亲自与彭、倪等文武官员乘小轮船巡视各海口，在险要兵单处，增派兵勇，以策应各炮台。重新加强了珠江口至广州城的海防。在陆防方面，于省城的东、西两路做了周密的布防。同时对海南、廉州和潮州的防务也做了部署。

不久，张树声病逝，在吊唁张树声时，其子张华奎把张树声的遗折捧了出来，请张之洞代为转奏朝廷。遗折前一段文字依旧是为自己辩护，只是语气较往日低沉，遗折的最后，张树声以一个深受厚恩的三朝旧臣的身份，郑重敦请朝廷变法自强。他说西方立国的根本在于他们有完备的教百体制，有完善的政治体系，所以才会拥有先进的轮船、大炮、电线、铁路等等，中国现在只想学其表，而不学其根本，也是解决不了根本问题的，应该采取西方的体制，再引进他们的先进技术，只有这样，才能奠定国家的长久基业。

张之洞虽不能完全赞同这个意见，但张树声临死仍念念不忘国家的忠心却强烈地震动了他。何况此刻战火已经点燃，厮杀在即，借张树声的身后之事安抚淮军，让湘淮粤三军精诚团结，一致对外，乃眼下的头等大事。于是，张之洞诚恳地对张华奎说："请大公子放心，本督将亲自拟折为轩帅请恤。"

人际交往沟通

第二天，张之洞换上素服，带着一班高级官员再次亲临祭奠，在张树声的灵前他亲自宣读了前一天晚上他为张树声拟的一道请恤折，请前总督张树声在天之灵安息。在这道奏折中，张之洞以继任者的身份，历数张树声在两广任上的政绩，再一次为张树声洗刷这几年来所受的指责。又追叙张30余年来的战功，请求朝廷将其任上的处分予以解除，生平事迹交国史馆立传，并在原籍和立功省份建祠享祭，荫子庇孙。张华奎和守灵的淮军将士无不感激，郑重表示：朝廷已发出对法宣战的指令，淮军将士听从制台调遣，同仇敌忾，坚守大清南大门。后来清廷允准了张之洞的奏请，谥张树声号"靖达"。

张之洞通过化解淮军将领张树声和湘军将领彭玉麟之间的矛盾，既巩固了自己的地位，又赢得了湘淮两军的人心，可谓一举而两得！此可谓巧结人缘。

 **人生感悟**

> 一个篱笆三个桩，一个好汉三个帮。没有人缘，能干成什么事？因此，聪明的人总把好人缘视为一块宝。

习惯造就人生

珍惜时间的习惯

  法国著名思想家伏尔泰在他的中篇小说《查第格》中写着这样的一个谜语：最长最短的东西是什么？最快又是最慢的东西是什么？我们都无视它，然而不久又为此后悔不已。如果没有它，什么事情也不会成功，它吞下了一切最微小的东西，它也构成了一切最伟大的东西。

  这就是时间！伏尔泰以聊聊数笔，概括了伟大、严肃而又复杂的时间的形象。

  时间最长而又最短。它的总体无始无终，然而，构成时间的元素却是短暂的。你刚迈出几步，一分钟就消失了；抬一下胳膊，跑掉了两秒钟；大文豪歌德曾遗憾地说："生命苦短，艺术长青。"有人问著名生物学家聂佛梅瓦基，他怎么能把一生都用来研究蠕虫的结构，他很惊奇地说："蠕虫那么长，人生可是那么短啊！"短和长竟是这样奇妙地统一在一起。

  "时间像奔腾澎湃的急湍，它一去无返，毫不流连。"这是西方著名学者赛马提斯说的话。一去无返，这就是时间的特性，可见，每个人，抓住时间老人的手臂，是何等的重要啊！

  我们每个人的生命都是有限的，不能无限期地拥有时间，只能在这几十年或上百年的时间里拥有它、运用它。时间既不能储存，也不能逆转。晚清的慈禧太后那拉氏随着年岁的增加，年轻时代的花容月貌不复依旧，容颜渐老。她看着身边侍奉她的宫女，一个个如花似玉，使她非常嫉妒，甚至愿以大清江山买回20年的妙龄。慈禧太后出手大方，但她向往的年轻时代已经一去不复返了。

我们谁也不知道时间从什么时候开始，时间无始无终，可以上溯到无限的久远，也可以推及遥远的未来。太阳的寿命已经长达几十亿年了，地球上有记载的人类的历史也已经两三百万年了。可以说，世界上最长的是时间，没有什么事物能跟时间比长较短。然而，世界上最短的也是时间，一秒钟的时间在钟表上一"嗒"就过去了，一秒钟的十分之一、百分之一、甚至千分之一个单位的时间，你可以想象那是多么短促的时间。计量时间单位长的可以是亿年、万年、千年、世纪，短的可以是年、月、周、日、小时、分钟、秒，秒以下还可以精确计时。世界短跑冠军刘易斯的百米跑记录是9.83秒，精确到秒的后两位数。

我们常听到年过古稀的老人发出这样沉重的感叹：一辈子太短了，时间过得真快呀！他能回忆起孩提时代的故事、青壮年时期的创业。他一生的经历，娓娓道来，让你觉得是一天里发生的事情。我们每个人都会有这样的感觉：当我们心情舒畅、玩得开心的时候，总是觉得时间过得很快。比如看一场足球赛，看一场精彩电影，散场时总会大吃一惊：怎么就过了几个小时了！然而，当我们身处逆境、心情郁闷时，会觉得时间过得太慢了，有度日如年的感觉。一个人出差在外，投宿在一个小旅馆里，夜深了，外面下着淅淅沥沥的小雨，思家和想念亲人与朋友的心情如潮水般涌起。把手表摆在桌上，听着有节奏的表针前进的声音，多希望它前进得快些啊！一分钟一分钟地看着表针的移动，真是一个恼人的漫漫长夜。处在热恋中的情侣，要分别半年才能见面，半年对他们来说是一段残酷无情漫长难挨的时间，一天一天地等啊，好不容易才能熬到头，平时5年也没这么难过啊！

时间过得慢，就容易被人忽略；时间过得快，就容易使人追悔。我们在日常生活中，常常把看似平常而却极其宝贵的时间疏忽掉了，反正觉得今年过了还有明年，今天过了还有明天，今午可以过得轻松一点，等到明年再说吧！今天玩过去算了，等几天再加把劲。这样，时间不知不觉溜走

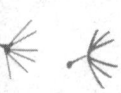

了，等到有朝一日忽然醒来，时间已经不多了，就后悔起来。有些年轻人，觉得反正自己的时间还长着呢，抱着无所谓的态度，虚掷光阴，"酒肉穿肠过"。忽有一天，看到昔日的朋友、同学都已有相当可观的事业，自己却一无所有，这才激发他追悔时间。所以，古人说："莫等闲，白了少年头，空悲切。"

时间是最吝啬的老人，它1分钟也不多给。时间是最公平的老人，它一点也不偏私，每天给任何人都是24小时。时间又是最偏私的老人，给任何人的都不是24小时，每个人时间的"含金量"极不相同。

时间无价，寸金难买寸光阴。金钱，可以赚取、积累，人才可以培养，物资可以生产、开发，可时间却租不到、借不到、买不到，也无法生产或再生。

时间不等人，不管你准备好了没有，也不管你跟上跟不上生活的节奏，它都是从你身边流去，永远不会再回来，也不会让你重复利用。对任何时间，不用白不用，既不可能拿它去做交易，也不可能贮存起来留后再用。

时间的供给丝毫没有弹性，不管你需要多少时间，供给绝不可能增加。所以，时间是最短缺的、最特殊的、最无可替代的和不可缺少的资源。故而，人要想用自己的勤劳、智慧开拓出一条成功之路，就必须对宝贵的时间有一个重新的正确认识。

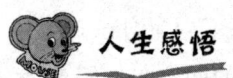

人生感悟

我们每个人的生命都是有限的，时间是世界赋予我们每个人最珍贵、最公平的财富。

现在就去做的习惯

"种下行动就会收获习惯；种下习惯便会收获性格；种下性格便会收获命运"，美国心理学家兼哲学家威廉·詹姆士这么说。他的意思是：习惯造

就一个人，你可以选择自己的习惯，在使用座右铭时，你可以养成自己希望的任何习惯。

在说过"现在就去做"以后，只要一息尚存，就必须身体力行。无论何时必须行动，"现在就去做"的象征从你的潜意识闪到意识里时，你就要立刻行动。

请你养成习惯，先从小事上练习"现在就去做"，这样你很快便会养成一种强而有力的习惯，在紧要关头或有机会时便会"立刻掌握"。

行动可以改变一个人的态度，使他由消极转为积极，使原先可能糟糕透顶的一天变成愉快的一天。

卓根·朱达是哥本哈根大学的学生，他就是这样做的。有一年暑假他去当导游，因为他总是高高兴兴地做了许多额外的服务，因此几个芝加哥来的游客就邀请他去美国观光。旅行路线包括在前往芝加哥的途中，到华盛顿特区做一天的游览。

卓根抵达华盛顿以后就住进威乐饭店，他在那里的账单已经预付过了。他这时真是乐不可支，外套口袋里放着飞往芝加哥的机票，裤袋里则装着护照和钱。后来这个青年突然遇到晴天霹雳。

当他准备就寝时，才发现皮夹不翼而飞。他立刻跑到柜台那里。

"我们会尽量想办法。"经理说。

第二天早上仍然找不到，卓根的零用钱连两块钱都不到。自己孤零零一个人呆在异国他乡，应该怎么办呢？打电报给芝加哥的朋友向他们求援？还是到丹麦大使馆去报告遗失护照？还是坐在警察局里干等？

他突然对自己说："不行，这些事我一件也不能做。我要好好看看华盛顿。说不定我以后没有机会再来，但是现在仍有宝贵的一天呆在这个国家里。好在今天晚上还有机票到芝加哥去，一定有时间解决护照和钱的问题。

"我跟以前的我还是同一个人。那时我很快乐，现在也应该快乐呀。我不能白白浪费时间，现在正是享受的好时候。"

于是他立刻动身，徒步参观了白宫和国会山庄，并且参观了几座大博物馆，还爬到华盛顿纪念馆的顶端。他去不成原先想去的阿灵顿和许多别的地方，但他看过的，他都看得更仔细。他买了花生和糖果，一点一点地吃以免挨饿。

等他回到丹麦以后，这趟美国之旅最使他怀念的却是在华盛顿漫步的那一天——如果他没有运用做事的秘诀就会白白溜走的那一天。"现在"就是最好的时候，他知道在"现在"还没有变成"昨天我本来可以……"之前就把它抓住。

这里顺便把他的故事说完吧，就在多事的那一天过了 5 天之后，华盛顿警方找到他的皮夹和护照，并且送还给他。

总之，如果下定决心立刻去做，往往会激发潜能，往往会使你最热望的梦想也实现。

 **人生感悟**

> "现在就去做"可以影响你生活中的每一部分，它可以帮助你去做该做而不喜欢做的事；在遭遇令人厌烦的职责时，它可以教你不推脱延宕。

善用余暇的习惯

宋朝大学者欧阳修平日公务繁忙，谈起他的读书和写文章，他曾介绍说："钱思公喜好读书，坐则读经史，卧则读小说，上厕所则读小辞。宋公垂在史院时，每次去厕所都必带书。我平生所作的文章，也多在'三上'，乃马上、枕上、厕上也。"据说，当美国总统约翰逊同助手谈话中需要大便时，他就把谈话的内容改在厕所里进行，虽然这样似乎显得对下属不够尊重，他却因此可以争取更多的时间。

美国著名作家杰克·伦敦的房间，有一种独一无二的装饰品，那就是窗帘上、衣架上、柜橱上、床头上、镜子上、墙上……到处贴满了各色各样的小纸条。杰克·伦敦非常偏爱这些纸条，几乎和它们形影不离。这些小纸条上面写满各种各样的文字：有美妙的词汇，有生动的比喻，有五花

八门的资料。

杰克·伦敦从来都不愿让时间白白地从他眼皮底下溜过去。睡觉前，他默念着贴在床头的小纸条；第二天早晨一觉醒来，他一边穿衣，一边读着墙上的小纸条；刮脸时，镜子上的小纸条为他提供了方便；在踱步、休息时，他可以到处找到启动创作灵感的语汇和资料。不仅在家里是这样，外出的时候，杰克·伦敦也不轻易放过闲暇的一分一秒。出门时，他早已把小纸条装在衣袋里，随时都可以掏出来看一看，想一想。

华罗庚曾说过："时间是由分秒积成的，善于利用零星时间的人，才会做出更大的成绩来。"

现代人的生活节奏越来越快，许多人都常常感到时间紧张，根本没有时间干许多重要的事。而鲁迅先生曾说过："时间就像海绵里的水，只要愿挤，总还是有的。"实际上正是如此。三国时期的董遇是个很有学问的人，他要前去找他求学的人先"读书百遍，其义自见"。当求学者抱怨说"没有时间"时，他则回答说："当以'三余'即'冬者岁之余，夜者日之余，阴雨者晴之余'也。"

有人算过这样一笔账：如果每天临睡前挤出 15 分钟看书，假如一个中等水平的读者读一本一般性的书，每分钟能读 300 字，15 分钟就能读 4 千字，一个月是 126000 字，一年的阅读量可以达到 1512 千字。而书籍的篇幅从 60000 字到 100000 字不等，平均起来大约 75000 字。每天读 15 分钟，一年就可以读 20 本书，这个数目是可观的，远远超过了世界上人均年阅读量。然而这却并不难实现。

如果你觉得自己缺乏思考问题的空闲时间，不妨试着坚持每天睡前挤出十几分钟的时间，一旦形成了习惯，就很容易长期坚持。

不仅睡前是很好的余暇时间，茶余饭后都有可利用之处。

唐代大诗人李白好饮酒，但他并非酒色之徒。而是以酒助兴，激发创作的灵感，享受美酒的同时，挥毫泼墨，潇洒飘逸，令人赞叹，喝酒作诗两不误，对生活和艺术的追求达到了很高的境界。

爱因斯坦有一次在朋友家里吃饭时，与主人讨论问题，忽然间来了灵感，他提起钢笔，在口袋里找纸，一时没有找到，于是就在主人家的新桌布上写开了公式。

　　不只是李白、爱因斯坦善于利用休息时间，历史上还有许多类似的人物。例如，南宋词人李清照夫妇晚饭后习惯喝茶，他们觉得喝茶聊天是对时间的浪费，就发明了一种别具一格的"茶令"。茶沏好后，他们其中的一个人便开始讲史书上记载的某一件史实。讲完以后，另一人要说出这史实出自哪一本书，这还不够，还要说出这一史实在书中的哪一卷、哪一页、哪一行。这就是说，知道这一史实，如果没读过此书，就答不出来；读了，而不熟悉，也答不上来，答不上来或答不准确，茶是不能喝的，只能闻闻茶香。通过这样的"茶令"，两个人的史学知识不断积累，丰富了创作内容，也充分享受到了生活的乐趣。

人生感悟

　　古今中外的许多名人都非常注重余暇时间的价值。这对于现今的我们来说，有许多可借鉴之处。

养成说"不"的习惯

　　俄国十月革命前的某一天，植物育种家米丘林正在植物园里工作。忽然，他家里的人跑来说："有位市长先生想要见见您。"米丘林头也不抬，仍在工作。家里人又大声地重复了一遍刚才的话，米丘林摆摆手。接近米丘林的人都知道，他是一个非常珍惜时间的人。在他眼里，一分一秒都是宝贵的。他常常把工具随时放在身边，为的是用的时候不必到处找，节省时间；他的手杖上有尺寸，为的是散步时也能测量树木的高矮，一物多用，节省时间。"您知道，这可是一位市长……"家里人强调说。"我一分钟都不愿意白白度过！"说完，米丘林又忙着去修理一棵果树了。

　　也许米丘林的"处世方式"值得商榷，但他珍惜时间的思想是非常值得借鉴的。而生活中有许多整天"瞎忙"的人，恰恰就是因为不懂得自己有权"拒绝别人",不知道该如何说"不"。

英国作家毛姆在小说《啼笑皆非》中讲过这么一段耐人寻味的故事:一位小人物一举成为名作家了,新朋老友纷纷向他道贺,成名前的门可罗雀同成名后的门庭若市形成了鲜明的对比。

毛姆为我们描写了这样一个场面:

一位早已疏远的老朋友找上门来,向你道贺,怎么办呢?是接待他还是不接待他?按照本意,自己实在无心见他,因为一无共同语言,二来浪费时间;可是人家好心好意来看你,闭门不见似乎说不过去。于是只好见他了。见面后,对方又非得邀请你改日到他家去吃饭。尽管你内心一百个不乐意,但盛情难却,你不得不佯装愉悦地应允了。在饭桌上,尽管你没有叙旧之情,可是又怕冷场,于是又得强迫自己无话找话。这种窘迫相可想而知……来而不往非礼也,虽然你不再愿意同这位朋友打交道,但你还是不得不提出要回请朋友一顿。你还得苦心盘算:究竟请这位朋友到哪家饭店合适呢?去第一流的大酒店吧,你担心你的朋友会疑心你是要在他面前摆阔;找个二流的吧,你又担心朋友会觉得你过于吝啬……

前几年春节联欢晚会上曾演出过这样一个小品:一个人为了避免别人瞧不起自己,假装自己手眼通天,别人求他办事,不管有多大困难一概来者不拒。为了帮别人买两张卧铺票,不惜自己通宵排队,结果闹出了笑话。

也许艺术有所夸张,但生活中的确不乏与故事中类似的人物,他们不善于拒绝别人,怕会伤害彼此友谊,于是经常违心地答应别人的要求,结果不仅浪费了大量时间,自己也经常觉得不自在。

学会拒绝别人,可以节省大量的时间,避免许多不必要的麻烦。

 人生感悟

知道自己在什么情况下该拒绝别人,并且在拒绝的时候采取正确的方法,我们就能因此而节省大量的时间,而且不至于因此而发生人际关系方面的问题。

控制愤怒的习惯

留心四周，你无不可以找到正在生气发怒的人们。商店里，也许顾客正在和营业员吵架；出租车上，司机也许正因交通堵塞而满脸怒色；公共汽车上，也许两人正在为抢占座位而大打出手……此种情形，不胜枚举。那么你呢？是否动辄勃然大怒？是否让发怒成为你生活中的一部分？而且你是否知道这种情绪根本无济于事？也许，你会为自己的暴躁脾气大加辩解"人嘛，总都有生气发火的时候"、"我要不把肚子里的火发出来，非得憋死不可"。在这种借口之下，你不时地自我生气，也冲着他人生气，你似乎成了一个愤怒之人。

其实，并非人人都会不时地表露出自己的愤怒情绪，愤怒这一习惯行为可能连你自己也不喜欢，更不用说他人感觉如何了。因此，你大可不必对它留恋不舍，这不能帮助你解决任何问题。

让我们来看看心理学家们是如何看待"愤怒"的。这里我们所提的"愤怒"是指当某人在事与愿违时作出的一种惰性反应。它的形式有勃然大怒、敌意情绪、乱摔东西，甚至怒目而视、沉默不语。它不仅仅是厌烦或生气，它的核心是惰性。愤怒使人陷入惰性，其起因往往是不切实际地期望大千世界要与自己的意愿相吻合，当事与愿违时，便会怒不可遏。

事实上，极端愤怒是一种精神错乱——每当你不能控制自己的行为时，你便有些精神错乱。因此，每当你气得失去自制时，你便暂时处于精神错乱状态。

愤怒情绪对人的心理没有任何好处。

同其他所有情感一样，愤怒是头脑思维后产生的一种结果。它不会无缘无故地产生。当你遇到不合意愿的事情时，就告诉自己事情不应该这样或那样，于是你感到沮丧、灰心。然后，你便会作出自己所熟悉的愤怒的反应，因为你认为这样会解决问题。只要你认为愤怒是人的本性之一部分，就总有理由接受愤怒情绪而不去改正。

习惯造就人生

如果你仍然决定保留自己心中愤怒的火种，你可以通过不造成重大损害的方式来发泄愤怒。然而，你不妨想想，你是否可以在沮丧时以新的思维支配自己，用一种更为健康的情感来取代使你人生惰性的愤怒。

美国一位来自伊利诺州的议员康农在初上任时就受到了另一位议员的嘲笑："这位从伊利诺州来的先生口袋里恐怕还装着燕麦呢！"

这句话的意思是讽刺他还没有挣脱农夫的气息。虽然这种嘲笑使他非常难堪，但也确有其事。这时康农并没有让自己的情绪失控，而是从容不迫地答道："我不仅在口袋里装有燕麦，而且头发里还藏着草屑。我是西部人，难免有些乡村气，可是我们的燕麦和草屑，却能生长出最好的禾苗来。"

康农并没有愤羞成怒，而是很好地控制了自己的情绪，并且就对方的话"顺水推舟"，作了绝妙的回答，不仅自身没有受到损失，反而使他从此闻名于全国，被人们恭敬地称为"伊利诺州最好的草屑议员"。

有的人在与别人合作时听不得半点"逆耳之言"，只要别人的言词稍有不恭，不是大发雷霆就是极力辩解，这样的人又怎能成大事呢？其实这样做是不明智的。这不仅不能赢得他人的尊重，反而会让人觉得你不易相处。采取虚心、随和的态度将使你与他人的合作更加愉快。

我们在与人相处时，不可能事事都一帆风顺，不可能要每个人都对我们笑脸相迎。有时候，我们也会受到他人的误解，甚至嘲笑或轻蔑。这时，如果我们不能控制自己的情绪，就会造成人际关系的不和谐，对自己的生活和工作都将带来很大的影响。所以，当我们遇到意外的沟通情景时，就要学会控制自己的情绪，轻易发怒只会造成相反的效果。

人生感悟

能否很好地控制自己的情绪，取决于一个人的气度、涵养、胸怀、毅力。凡是允许其情绪控制其行动的人都是弱者，真正的强者会迫使自己控制情绪。

远离悲观情绪的习惯

失败者往往被"情绪包袱"压得喘不过气。他们总想着过去没解决的问题和矛盾，一讲话便是从前的灾祸、现在的艰难和未来的倒霉。

对于失败者来说，从来没有一件事情是满意的。当他们终于得到了所向往的东西的时候，他们又不再想要了；如果失去了的话，他们又一定要找回来。他们不断重复老一套消极泄气的想法，把不幸和烦恼作为生活的主题。即便在平安无事、一切顺利的时候，也习惯于只琢磨生活当中消极泄气的事情。他们觉得不幸和气愤的事情太多。他们总是喜欢喋喋不休地发表消极泄气的言论。他们说泄气话，指手画脚，令人难堪，使别人同他们疏远起来。

失败者常常由于似乎难以解决的难题而挫伤情绪，失去活力，陷于失望，无所作为。在遇到麻烦和苦恼的时候，他们往往把精力用在责怪、发牢骚和抱怨上。

失败者说许多带"不"字的话，例如不能如何、不要如何、不应该如何，等等。他们最常用的形容词是糟糕、讨厌、可怕和自私。他们没完没了地指责别人为什么不如何、怎么没有如何。

而自制力强的人往往为自己四周的美好事物和自然的奇迹感到欢愉。他们对于鲜花含苞待放、雨后空气清新之类的小事也欣赏喜爱。

愉快乐观的态度是成功人士关键性的品质之一，他们把自己的思想和谈吐引导为振奋鼓劲的念头和看法。他们体验得到现实存在的美好事物。他们把过去当成借鉴参考的资料库，把未来看做充满无限希望、欢乐和诱人的境界。他们看重他们所具备的愉快而有价值的条件，想出有创造性的办法去争取达到想要达到的其他目标。成功人士也能够迅速解决问题，把处境当中的消极方面缩小到最低程度，并且找出积极的因素来。他们致力于所处的环境中发现求得发展和学习的机会。

纵观那些成功人士喜欢同别人交往，不论自己有所收获还是对别人有

所帮助，都喜形于色。他们对参与了的活动都从好的方面加以评论，同别人相处的情景也很热情。即使处于严峻的环境与灾祸之中，成功人士也善于发掘出积极因素，鼓起勇气向前跨步，使情况有所改善。

那些成功的人士感到烦恼不快的时候，会动手去扭转所处的局面。他们知道，要过得顺心愉快，责任在自己。

成功人士善于用"情绪吸尘器"清除掉自己的烦恼念头和悲观情绪。他们在不利环境中也设法发掘出积极因素来。他们在头脑里储存的是"好、妙极了、亲切、重要、喜欢、高兴、了不起"一类的词语。

黑暗的心情，会在心底播下不良的种子，所以只有不良的作用反复地传达下来。因此，还是要尽量以明朗的心情来努力比较好。

假设现在被厄运打垮，也应该把持着"过去已成过去，今后情况一定会变好"的心情。这种将心中由黑暗改变成光明的方法，会慢慢地改变周围的环境或条件。相反地，不想求改变，心里一直失望地认为"我的环境不好，条件也不好"的话，就难以转变成好的环境或条件。所以我们应该抱着"环境或条件虽然不好，我也要做做看"这种心情而去奋斗。如此，就会在心底播下好的种子，并且由于这样的作用，环境或条件就会慢慢地变好。

 **人生感悟**

> 纵使身处苦难中，也能够忘记苦难，这才是开拓新道路应具有的心情。未来将有什么伟大的事业等着我们去开创，是谁都无法预测到的。

克服自大自满的习惯

第二次世界大战中风云人物——美国五星上将麦克阿瑟，在其70岁以前可谓是一位功勋卓著的"常胜将军"。他1930年便是美军历史上最年轻的陆军参谋长，二次世界大战期间，他以极小的代价一举拿下了多罗岛。在攻占了吕宁岛后，他没有得到上级授权，又攻取了其他岛屿。战后，他以"盟军最高司令官"名义执行美国单独占领日本的任务。他又超越军事长官的权限，插手日本的社会和经济改革。美国总统罗斯福、杜鲁门对他的自行其是非常不满，但又无可奈何。

1950年麦克阿瑟又任"联合国军总司令"，指挥侵朝战争。仁川登陆战，他暂时扭转了美军初期的败局，将朝鲜人民军一截为二，然后他长驱直入抵达鸭绿江边。一连串进攻和冒险的胜利，使这位将军头脑发昏，"自我"膨胀起来，他自认为打遍天下无敌手，竟派兵轰炸我国东北城市，在海上炮击我国商船，直接威胁我国的安全。中国政府一再提出警告，但麦克阿瑟目空一切，不可一世，认为中国人民是不敢也无力参战的。狂妄自大使他完全无视中朝人民不屈的尊严和反侵略的巨大潜力。

10月15日，麦克阿瑟踌躇满志地在威克岛向杜鲁门保证"朝鲜战争是赢定了"，并说："中国共产党不会进攻。""在南北朝鲜，抵抗都会在感恩节（11月23日）前结束。"这样，就能够在圣诞节前把第8集团军撤回日本。

而事实给麦克阿瑟极大的嘲讽。中国人民解放军10月19日就到了朝鲜。从1950年10月25日起，到1951年4月，经过4次战役的较量，麦克阿瑟损兵折将，从鸭绿江一路退到三八线一带，其人员伤亡惨重，引起国内震动。美国9个师陷在朝鲜，天天被消耗，而美国的战略中心欧洲只剩下36个师。美国的西欧盟友担心西欧常规防御力量不足，会给苏联的进攻造成可乘之机。他们对美国施加压力，说美国在"错误的时间、错误的地点打了一场错误的战争"。

杜鲁门为了在朝鲜脱身，通知麦克阿瑟寻求和平计划。麦克阿瑟不服气。他为了破坏可能停战谈判的气氛，擅自发表一个恫吓中国的声明。说："敌方现在一定痛苦地知道，联合国如果决定放弃把战争限于朝鲜境内的努力，而扩大我们的军事行动到中国的沿海地区和内地基地，这就使中国遭受军事上即将崩溃的危险。"在恫吓一通以后，在声明末尾写道："我准备随时在战地和敌方部队的总司令举行会议，认真努力寻求不必再流血而可

以实现联合国在朝鲜的目标的军事手段，这些目标是任何国家不能有理由反对的。"

这个吹牛加挑衅的声明发出后，英法两国政府令其驻华盛顿大使提出非正式抗议："抗议麦克阿瑟将军逾越他目前作为联合国朝鲜司令官的权限而发表的声明。"

杜鲁门得知麦克阿瑟的声明，气得"嘴唇发白"。

4月21日凌晨，杜鲁门宣布撤销麦克阿瑟的盟军总司令、联合国军总司令、英国远东总司令、美国远东陆军总司令4项职务。这个消息是别人从广播里听到后告诉麦克阿瑟的，他自己在回忆录里说："没有一个办公听差，没有一个打杂女工，没有随便哪一个仆人会这样无情地不顾起码的体面被解雇。"

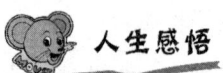

人生感悟

自大自满会带来消极的后果，轻则阻碍进步，重则导致失败垮台。"胜易骄，骄必败"，是万古常新的真理。

微笑处世的习惯

先让我们来看一个故事。有一位老先生，他的生意做得非常好。其中一个很重要的原因是他善于微笑。有一次他谈到自己的成功经验。

他说，在这个世界上我给别人一个什么表情，别人就回报我一个什么表情。我给对方一个怨恨的表情，对方就回报我一个怨恨的表情；我给对方一个善良的微笑，对方就回报我一个善良的微笑。

他继续说，我的经验就是，当你把一个微笑面对千百个人的时候，千百个人回报你的是千百个微笑，这样，你的人生就成大事了。

老人说得非常好。的确，微笑是上帝赐给人们的一种专利，是美丽生活中的一剂神秘配方，学会微笑，对一个人的生活会有许多益处。

曾有一个获得遗产的纽约妇人，她参加一次宴会时急于留给每一个人良好的印象。她浪费了好多金钱在黑貂皮大衣、钻石和珍珠上面。但是，她对自己的面孔，却没下什么功夫。她的表情尖酸、自私。她并不懂得每一个男人所看重的是一个女人面部表情，比她身上所穿的衣服更重要。

　　微笑是一种令人愉悦的表情。每当别人面对你的这种表情时，他便会感到你的自信、友好，同时这种自信和友好也会感染他，使他油然而生出自信和友好来，从而使他对你亲切起来。

　　威廉·史坦是美国纽约证券股票场外市场的一员，他在给一位朋友的信中曾谈起了一些他的经历：

　　"我已经结婚18年了"，史坦在信上说，"在这段时间里，从我早上起来，到我要上班的时候，我很少对我太太微笑，或对她说上几句话。我是百老汇最闷闷不乐的人。"

　　"既然你要我以微笑的经验发表一段谈话，我就决定试一个星期看看。因此，第二天早上洗漱的时候，我就看着镜中我的满面愁容，对自己说：'你今天要把脸上的愁容一扫而空。你要微笑起来。你现在就开始微笑。'当我坐下吃早餐的时候，我以'早安，亲爱的'跟我太太打招呼，同时对她微笑。"

　　"你会说，她可能大吃一惊。你低估了她的反应。她被弄糊涂了，她惊愕不已。我对她说，她从此以后可以把我这种态度看成惯常的事情。而我每天早晨这样做，已经有两个月了。

　　"这种做法改变了我的态度，在这两个月中，我们家所得到的幸福比去年一年还多。

　　"现在，我要去上班的时候，就会对大楼的电梯管理员微笑着，说一声'早安'；我以微笑跟大楼门口的警卫打招呼；当我跟地铁售票处的出纳小姐换零钱的时候，我对她微笑；当我站在交易所时，我对那些以前从没见过我微笑的人微笑。"

　　"我很快就发现，每一个人也对我报以微笑。我以一种愉悦的态度来对待那些满肚子牢骚的人。我一面听着他们的牢骚，一面微笑着，于是问题就容易解决了。我发现微笑带给我更多的收入，每天都带来更多的钞票。"

"我跟另一位经纪人合用一间办公室。他是个很讨人喜欢的年轻人，我告诉他最近我所学到的做人处世哲学，我很为所得到的结果而高兴。他接着承认说，当我最初跟他共用办公室的时候，他认为我是个非常闷闷不乐的人——直到最近，他才改变看法。他说当我微笑的时候，我充满慈祥。"

"我也改掉了批评他人的习惯。我现在只赏识和赞美他人，而不蔑视他人。我已经停止谈论我所要的。我现在试着从别人的观点来看事物，而这些正改变着我的人生。我变成一个与以往完全不同的人，一个更快乐的人，一个更富有的人，在友谊和幸福方面很富有——这些也才是真正重要的事物。"

请记住，写这封信的是一位老练的、足迹遍达世界各地的股票经纪人。他的事例说明，只要你学会微笑，你就会受到别人的欢迎。

人生感悟

> 能让自己的脸上多一点微笑，是生活快乐的象征。请多给别人一点善良的微笑吧！这是一种好习惯，是成功人士的一种人格魅力！

要有独立自主的习惯

依靠拐杖走路，尤其是依靠别人的拐杖走路，是很多人的一种病。对于成功人士而言，他们的习惯选择应是：扔掉拐杖，迈动双脚！

人们经常持有一个最大的谬见，就是以为他们永远会从别人不断地帮助中获益。

力量是每一个志存高远者追求的目标，而依靠他人只会导致懦弱。坐在健身房里让别人替我们练习，我们是无法增强自己肌肉的力量的。没有什么比依赖他人更能破坏独立自主能力的了。如果你依靠他人，你将永远坚强不起来，也不会有独创力。所以说，要想成大事，你就应首先抛开身

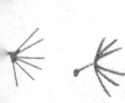

边的"拐杖"独立自主。如果做不到这一点，那么你最好埋葬你的雄心壮志，一辈子老老实实做个普通人。

年轻人需要的是原动力，而不是依靠。他们天生就是学习者、模仿者、效法者，如果给他们太多的帮助，他们就很容易变成仿制品。当你不提供拐杖时，他们就会无法独立行走。只要你同意，他们会一直依靠你。

爱默生说："坐在舒适软垫上的人容易睡去。"

依靠他人，觉得总是会有人为我们做任何事，所以不必努力，这种想法对发挥自助自立和艰苦奋斗精神是致命的障碍！

一个身强体壮、背阔腰圆，体重达75千克的年轻人竟然两手插在口袋里等着帮助，这无疑是世上最令人恶心的一幕。

你有没有想过，你认识的人中有多少人只是在等待？其中很多人不知道等的是什么，但他们在等某些东西。他们隐约觉得，会有什么东西降临，会有些好运气，或是会有什么机会发生，或是会有某个人帮他们，这样他们就可以在没受过教育、没有充分的准备和资金的情况下为自己获得一个开端，或是继续前进。

有些人在等着从父亲、富有的叔叔或是某个远亲那里弄到钱。有些人是在等那个被称为"运气"、"发迹"的神秘东西来帮他们一把。

我们从没听说过某个习惯等候帮助，等着别人拉扯一把，等着别人的钱财，或是等着运气降临的人能够真正成就大事。

一家大公司的老板曾说，他准备让自己的儿子先到另一家企业里工作，让他在那里锻炼锻炼，吃吃苦头。他不想让儿子一开始就和自己在一起，因为他担心儿子会总是依赖他，指望他的帮助。

在父亲的溺爱和庇护下，想什么时候来就什么时候来、想什么时候走就什么时候走的孩子很少会有出息。只有自立精神能给人以力量与自信，只有依靠自己才能培养做事能力和自我实现的成就感。

把孩子放在可以依靠父母或是可以指望帮助的地方是非常危险的做法。在一个可以触到底的浅水处是无法学会游泳的。而在一个很深的水域里，孩子会学得更快更好。当他无后路可退时，他就会安全地抵达对岸。依赖、好逸恶劳是人的天性。而只有"迫不得已"的形势才能激发出人们身上最大的潜力。

呆在家里，总是得到父母帮助的孩子，一般都没有太大的出息，就是这个道理。而当他们不得不依靠自己，不得不自己亲自动手去做，或是在蒙受了失败之辱时，他们通常就能在很短的时间内发挥出惊人的能力来。

一旦你不再需要别人的援助，自强自立起来，你就踏上了成功之路。一旦你抛弃所有外来的帮助，你就会发挥出过去从未意识到的力量。

世上没有比自尊更有价值的东西了。如果你试图不断从别人那里获得帮助，你就难以保有自尊。如果你决定依靠自己，独立自主，你就会变得日益坚强。

 **人生感悟**

> 只有抛弃身边的每一根拐杖，破釜沉舟，依靠自己，才能赢得最后的胜利。自立是打开成大事之门的钥匙，自立也是力量的源泉。

三思而后行是好习惯

很久以前，在西班牙的某城有一个人，他以卖"忠告"为职业。有一天，一个商人知道后，就专程到他那里去买"忠告"。那个人问商人，要什么价格的忠告，因为忠告是按价格的不同而定的。商人说："就买一个1元钱的忠告吧。"那个人收起钱，说道：

"朋友，如果有人宴请你，你又不知道有几道菜，那么，第一道菜一上，你就吃个饱。"

商人觉得这个忠告不怎么样，于是又付了2倍的钱，说要一个值2元钱的忠告。

"当你生气的时候，事情没有考虑成熟，就不要蛮干；不了解事实的真相，千万不要动怒。"

114

像上一次一样，商人觉得这个忠告不值那么多钱。于是又要一个值100元的忠告。

那人对他说："如果你要想坐下，一定得找个谁也撵不走你的地方。"

商人还是觉得这个忠告不理想，又要一个价值110元的忠告。

那位好人就对他说："当人家没有征求你的意见时，你千万不要发表议论。"

商人感到，这样下去会弄得身无分文。于是决定不买任何忠告了。他把已买来的这些忠告一一铭刻在心，就走了。

有一次，商人让怀孕的妻子留在家中，自己到外地经商去了，一连20年都没有回家乡。妻子一直没有得到丈夫的消息，以为他亡命他乡了，感到万分悲痛。她在儿子身上倾注了自己全部的爱。

终于有一天，已经发了财的商人，拍卖了他的全部商品，回家来了。他没有对任何人吭一声，就直接来到自己的家并闪身躲进一个难以被人察觉的地方，窥视着屋里的动静。

黄昏时候，儿子回来了，妈妈亲切地问道：

"亲爱的，告诉我，你从哪儿回来的？"

商人听到自己的妻子这么亲切的对那个年轻人说话，不由心里产生了一种恶念，恨不得当场杀了他俩。但是突然想起那个用2元钱买来的忠告，没有动火。

天黑了，屋里两人在桌旁坐下用餐。商人看到这一情景，又想杀他们。但那个忠告又在耳边响起，使他克制了自己。

熄灯前，母亲哭泣着对儿子说：

"唉！儿呀。听说，有一条船刚刚从你爸爸的地方来。明儿一早，你就去打听一下，或许还能打听到他的消息。"

听到这番话，商人不由想起，他离家的时候，妻子已经怀孕了，原来那个年轻人，就是他的儿子。他高兴得不知怎么是好，更觉得买的忠告实在有用，因为有了它，才没有动火。

一个人无论做什么事都要三思而后行，否则就会出现不堪设想的后果。

当你觉得自己的判断并不十分准确时，宁可稍待些时日，多多考虑斟

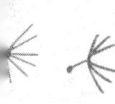

酌一番，切勿草率从事。

美国著名的化学家李托，有一次若不是他在决定行动之前等待了一会儿，几乎就会铸下一个大错。

他说："当我独立经营了几年化学工厂之后，有一次，忽然赔了一大笔钱，几乎使我多年来辛勤经营所得，完全付诸东流。当时我真是懊丧万分、寝食俱废。我竟认为经营这桩事是永无希望了，准备仍旧去做一个职员，因为当时刚好有许多薪水还不错的职位，可以任我去选择。"

"于是我在当天下午，就开始动手结束我几年来辛苦经营的公司，我把许多平日视为一刻不能分离的东西，都一一束诸高阁……"

"但是，凑巧就在这时，从前我曾经服务过的一家公司的经理来拜访我。我不等他问我，就把自己的烦恼告诉他。他听了似乎有些不解，却从怀里摸出表来，看了看说："现在已是晚餐的时刻了，让我们吃了晚饭再谈这事吧！""

"他把我领到他所创办的俱乐部里，随便点了几样美味可口的菜肴，两人在席间东谈西扯，吃得十分高兴。当时，我的烦恼也因而逃得无影无踪了。"

"后来那位经理在言语间，问起我刚才究竟有些什么烦恼。'没有什么'，我说，'那不过是我一时的感情冲动罢了。'"

"晚餐归来后，我极舒服地睡了一晚。第二天醒来，立刻觉得神清气爽，精神振作了不少。想起昨天自己一场无谓的胡闹，反而觉得十分好笑。从那天起我决定仍旧从事我的工作，永不因为任何阻力而放弃。"

"同时，这次的事也给了我一个极宝贵的经验，就是一个人当他的精神受了刺激，或感到饥饿、疲乏等种种不适时，千万不要决定任何事情。因为那时你至少已经失去了一半的判断力，如果你草率决定，事后你一定会觉得悔不当初。"

所以当你决定一件不好的事情之前，最好先问问自己：身体上可是有些不适？心中可有些烦闷？

如果你觉得确实有些身心不安，最好先去好好地吃一顿丰盛的美餐，或舒舒服服地睡一觉，或到郊外去散散步，吸些新鲜的空气。如果你有一些小疾病，更应做最适当的疗养，使你的身体和心情早日恢复健康。

当你的精神恢复饱满，身体恢复舒泰之后，你的眼光就可以恢复往日的锐利，头脑也恢复了往日的清醒，于是你可以重新搬出你的理智，把你昨天所做的决定"复审"一番了。

 **人生感悟**

> 行动之前，先认真地思考一番，这样才能立于不败之地，切不可草率行事，否则就有可能铸成大错，真要到那时可就后悔莫及了。

创新是走向成功的习惯

从前有个读书人，不管做什么事情，都喜欢引经据典，用他的话来说，是"不违古训"。

有一天，他家失火，他嫂子气喘喘地对他说："速、速、速喊你哥哥救火，他在隔壁三爷家下棋。"

读书人出了大门，自言自语道："嫂嫂叫我'速、速'，圣贤书上不是说过'欲速则不达'，我焉能速！"于是，他慢慢吞吞地走到了三爷家，一见哥哥正在兴高采烈的弈棋，便默默地立在哥哥身旁观棋。等到一局下完，他才说道："哥哥，家中失火，嫂子叫你回去速救！"

他哥哥一听，气得浑身直抖，骂道："你在这里立了半天，干吗不早说？"

他指着棋盘上的字说："兄不见此棋盘上明明写着'观棋不语真君子'吗？"

他哥哥见他还在假斯文，举起拳头要打他，但又缩了回来。他见哥哥缩回拳头，反而把脸凑了过去，说道："哥哥，你打吧！棋盘上不是明明写着'拳手无悔大丈夫'，你怎么又把手缩回去了呢？"

盲目跟随，将永远落后于人，永远呼吸不到新鲜的空气。

传说公元前233年冬天，马其顿亚历山大大帝进兵亚细亚。当他到达亚细亚的弗尼吉亚城，听说城里有个著名的预言：

几百年前，弗尼吉亚的戈迪亚斯王在其牛车上系了一个复杂的绳结，并宣告谁能解开它，谁就会成为亚细亚王。自此以后，每年都有很多人来看戈迪亚斯打的结子。各国的武士和王子都来试解这个结，可总是连绳头都找不到，他们甚至不知从何处着手。

亚历山大对这个预言非常感兴趣，命人带他去看这个神秘之结。幸好，这个结尚完好地保存在朱庇特神庙里。

亚历山大仔细观察着这个结，许久许久，始终连绳头都找不到。

这时，他突然想到：

"为什么不用自己的行动规则来打开这个绳结?!"

于是，他拔出剑来，一剑把绳结劈成两半，这个保留了数百载的难解之结，就这样轻易地被解开了。

 **人生感悟**

> 人不能一味地按着某种教条过活，人生需要变革，变革才是成功的源泉。创新才是前进的动力。

勇于冒险的习惯

机遇常与风险并肩而来。一些人看见风险便退避三舍，再好的机遇在他眼中都失去了魅力。这种人往往在机会来临之时踌躇不前，瞻前顾后，最终什么事也干不成。我们虽然不赞成赌徒式的冒险，但任何机会都有一定的风险性，结果因为怕风险就连机会也不要了，无异于因噎废食。

大凡成功人士，无不慧眼辨机，他们在机会中看到风险，更在风险中逮住机遇。

美国金融大亨摩根就是一个善于在风险中投机的人。

1857年，摩根从德国哥廷根大学毕业，进入邓肯商行工作。一次，他去古巴哈瓦那为商行采购鱼虾等海鲜归来，途径新奥尔良码头时，他下船在码头一带兜风，突然有一位陌生人从后面拍了拍他的肩膀："先生，想买咖啡吗？我可以出半价。"

"半价？什么咖啡？"摩根疑惑地盯着陌生人。

陌生人马上自我介绍说："我是一艘巴西货船船长，为一位美国商人运来一船咖啡，可是货到了，那位美国商人却已破产了。这船咖啡只好在此抛锚……先生！您如果买下，等于帮我一个大忙，我情愿半价出售。但有一条，必须现金交易。先生，我是看您像个生意人，才找您谈的。"

摩根跟着巴西船长一道看了看咖啡，成色还不错。一想到价钱如此便宜，摩根便毫不犹豫地决定以邓肯商行的名义买下这船咖啡。然后，他兴致勃勃地给邓肯发出电报，可邓肯的回电是："不准擅用公司名义！立即撤销交易！"

摩根勃然大怒，不过他又觉得自己太冒险了，邓肯商行毕竟不是他摩根家的。由此摩根便产生了一种强烈的愿望，那就是开自己的公司，做自己想做的生意。

摩根无奈之下，只好求助于在伦敦的父亲。吉诺斯回电同意他用自己伦敦公司的户头偿还挪用邓肯商行的欠款。摩根大为振奋，索性放手大干一番，在巴西船长的引荐之下，他又买下了其他船上的咖啡。

摩根初出茅庐，做下如此一桩大买卖，不能说不是冒险。但上帝偏偏对他情有独钟，就在他买下这批咖啡不久，巴西便出现了严寒天气。一下子使咖啡大为减产。这样，咖啡价格暴涨，摩根便顺风迎时地大赚了一笔。

从咖啡交易中，吉诺斯认识到自己的儿子是个人才，便出了大部分资金为儿子办起摩根商行，供他施展经商的才能。摩根商行设在华尔街纽约证券交易所对面的一幢建筑物里，这个位置对摩根后来叱咤华尔街乃至左右世界风云起了不小的作用。

这时已经是1862年，美国的南北战争正打得不可开交。林肯总统颁布

了"第一号命令",实行了全军总动员,并下令陆海军对南方展开全面进攻。

一天,克查姆——一位华尔街投资经纪人的儿子,摩根新结识的朋友,来与摩根闲聊。

"我父亲最近在华盛顿打听到,北军伤亡十分惨重!"克查姆神秘地告诉他的新朋友,"如果有人大量买进黄金,汇到伦敦去,肯定能大赚一笔。"

对经商极其敏感的摩根立时心动,提出与克查姆合伙做这笔生意。克查姆自然跃跃欲试,他把自己的计划告诉摩根:"我们先同皮鲍狄先生打个招呼,通过他的公司和你的商行共同付款的方式,购买四五百万美元的黄金——当然要秘密进行;然后,将买到的黄金一半汇到伦敦,交给皮鲍狄,剩下一半我们留着。一旦皮鲍狄黄金汇款之事泄露出去,而政府军又战败时,黄金价格肯定会暴涨;到那时,我们就堂而皇之地抛售手中的黄金,肯定会大赚一笔!"

摩根迅速地盘算了这笔生意的风险程度,爽快地答应了克查姆。一切按计划行事,正如他们所料,秘密收购黄金的事因汇兑大宗款项走漏了风声,社会上流传着大亨皮鲍狄购置大笔黄金的消息,"黄金非涨价不可"的舆论四处传播。于是,很快形成了争购黄金的风潮。由于这么一抢购,金价飞涨,摩根一瞅火候已到,迅速抛售了手中所有的黄金,趁混乱之机又狠赚了一笔。

这时的摩根虽然年仅26岁,但他那闪烁着蓝色光芒的大眼睛,看上去令人觉得深不可测;再加上短粗的浓眉、胡须,会让人感觉到他是一个深思熟虑、老谋深算的人。

此后的100多年间,摩根家族的后代都秉承了先祖的遗传,不断地冒险,不断地投机,不断地暴敛财富,终于打造了一个实力强大的摩根帝国。

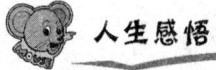 人生感悟

敢冒风险的人才有最大的机会赢得成功。古往今来,没有任何一个成功人士会不经过风险的考验。因为,不经历风雨,怎能见彩虹呢?

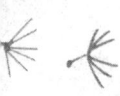

敢于付出的习惯

我们通常注意的是成功者都已获得的成效和创造的财富，却忽视了他们是怎样获得成功的这一重要问题，对于他们为此而付出的汗水和努力，我们却没有仔细加以思考。

现在要介绍一个为胜利付出了令人难以置信的代价的人，他的名字叫吉米·哈特彼斯，是一个伟大的赛车手。当然，他并不是一开始就能获胜的，他在军队服役时曾赛过卡车，后来他到全国各地寻找工作，一遇到赛车就去参加，因为他得不到什么好名次，所以知道他的人并不多。可他并没有因此而泄气，他下定决心，就是付出更大的代价也要在赛车比赛中获胜。四五年过去了，他开始在一些汽车大赛中获奖。到 1964 年，他已成为全美国最热门的赛车手之一。他的梦想正在变成现实，不幸的是，他为此付出了莫大的代价。

1964 年威斯康州博览会赛车道上，哈特彼斯赛车暂列第三名。突然，他前面的两辆车相撞，他左转右转想避开它们，但因为车速太快未能如愿，结果撞到了车道旁的墙壁上。赛车燃烧着停下来，这时，另一辆救护人员等火扑灭后才能接近他的赛车，当最后把他救出来时，哈特彼斯的手已被烧焦，鼻子也不见了，体表烧伤面积达 40%。医生连续做了 7 小时的手术使他脱离了危险，可他的手已萎缩得像爪子一样。医生告诉他："你再也不能开车了。"

哈特彼斯又一次决心为成功付出代价。他开始做一系列植皮手术，每天练习用手指的残余部分去抓木条，有时因为疼痛难忍，眼泪也流了出来。可他坚持着，对自己的能力从来没有怀疑过。在做了最后一次手术后，哈特彼斯回到了纽约州他自己的农场，用开推土机的办法来使自己的手掌重新磨出老茧，并继续练习开车。

事故发生了 9 个月之后，哈特彼斯又重返赛车场！他参加了特伦顿市博览会的比赛，但没能获胜，因为他的车熄火了。不过在后来一次全程 200 英

习惯造就人生

里（1 英里约合 1.61 千米）的汽车比赛中，他得了第二名。又过了两个月，上一次事故就是在这里发生的，他信心十足，势在必得，经过一番激烈的较量，最后，他终于取得了 250 英里比赛的冠军。

他没有把前一次赛车时发生的事故作为不再去尝试的借口，他说的是"我一定会成功"。他付出的代价，得到了回报。

 **人生感悟**

> 成功者都经历过艰苦的劳动，都战胜过各种的困难。世上没有仅凭生来的好运气就能获得成功的人，更没有倚仗魔力便能获得成功的人。

勤思考的好习惯

人类的大脑是由大脑、小脑和连接它们的间脑、中脑和延髓构成。大脑还特别区分出旧皮质和新皮质。

人类所特有的、其他动物身上没有的高度的智慧，是靠大脑表面非常发达的新皮质控制的。人的智力之所以越来越发达，正是长期实践、不断用脑思索的结果。

人脑不同于机器，使用久了会有磨损，而是越用越好用。比如学外语，一旦掌握了一两门外语，再学第三门、第四门就容易多了。

头脑的好坏，绝非是天生的，主要看你后天如何利用它。所有有成就的科学家、文学家无一例外的都是长期善于用脑思索者。

我们要开发潜在的智力，利用更多的脑细胞，最简单、有效的方法就是经常把新的知识和信息透过脑细胞去刺激它。例如：读书、看报或注意听别人的谈话，对发生在身边的事勤于思索，多问"为什么"，养成这样的习惯，对保持灵活的头脑大有裨益。

俗话说："生命在于运动。"也有人指出：生命在于脑运动。研究表明，

每个人长到 10 岁左右，每 10 年大约有 10% 控制高级思维的神经细胞萎缩、死亡。信息的传递速度，也随年龄的增长而逐渐减慢。但这不要紧，如果坚持用脑和注意脑营养的补充，每天又有新的细胞产生，而且新生的细胞比死亡的细胞还要多。

日本科学家曾对 200 名 20 岁左右的健康人进行跟踪调查。他们发现经常用脑的人到 60 岁时，思维能力仍然像 30 岁那样敏捷；而那些三四十岁不愿动脑的人，脑力便加速退化。

美国科学家做了另一项实验，把 73 位平均年龄在 81 岁以上的老人分成 3 组：自觉勤于思考组、思维迟钝组、受人监督组。初级结果是：自觉勤于思考组的血压、记忆力和寿命都达到最佳指标。3 年后，自觉勤于思考组的老人都还健在；思维迟钝组死亡 12.5%；而受人监督组有 37.5% 已经死亡。由此可见，勤于思考是人们健康长寿的奥秘所在。

 人生感悟

> 其实，"思考决定一切"，当思考与目标、毅力以及获取物质财富的炽烈欲望结合在一起时，思考更具有强有力的力量。

不依附于强者的习惯

从前，有一只老鼠生下了一个漂亮的女儿，老鼠总想把女儿嫁给一个有权势的人物。它看到太阳很非凡，就巴结太阳说："太阳啊！你多么伟大、能干，万物没有你，简直就无法生存，你娶我的漂亮女儿做妻子吧！"太阳客气地回答："我不行，因为乌云能遮住我，把你的女儿嫁给乌云吧。"

老鼠又去找乌云，老鼠对它说："你娶了我的女儿吧，你有这样神通广大的本领，我真敬慕你。"乌云说："不行，我没什么本领，我比不上风，风一吹，我就被吹跑了。"

老鼠一听，原来风比乌云更有本领，就找到风，对它说："风啊！我可

找到你了，听说你很有本领、有权威，我愿将我美丽的女儿嫁给你。"风一听这无头尾的话，紧锁双眉说："谁稀罕你的女儿，你去找墙吧。他比我行！"

老鼠一听，又决定去找墙。墙偷偷地说："我倒是怕你们这些老鼠，你们一打洞，我可就危险了。我不配做你的女婿。"老鼠一想：墙怕老鼠，老鼠又怕谁呢？它忽然想起了祖宗的占训，老鼠生来是怕猫的。

它就赶紧去找猫，点头哈腰地说："猫大哥，我总算找到你了，你聪明、能干、有本事、有权威，做我的女婿吧！"猫一听，倒是爽快地答应了："太好了，就把你女儿嫁给我吧！最好今晚就成亲。"

母老鼠一听，猫大哥真不愧有魄力、有作为的男子汉，心想总算给女儿找到了如意郎君，于是喜滋滋地跑回家去，大声对女儿说道："终于给你找到好靠山了，猫大哥最显赫、最有权势。可享一辈子福呢！"

当晚就把女儿打扮起来，请来了一群老鼠仪仗队，打着灯笼、凉伞、旗号，敲着锣鼓，一路上吹吹打打，把女儿用花轿送到了新郎的住地，猫一看，老鼠新娘来了，等轿刚进门，还未等新娘下轿，就扑了上去，一口将可爱的新娘吞进肚里去了。

人生感悟

人人都应自强，不要巴结、依附于一些所谓的强者，不然的话，只会自取灭亡。

抛弃拖延的习惯

拖延往往会生出一些挫败的结局。恺撒因为接到报告没有立刻展读，遂致一到议会就丧失了生命。拉尔上校正在玩纸牌，忽然有人递来一个报告说，华盛顿的军队已经推进到德拉瓦尔了。他将来件塞入衣袋中，牌局完毕，他才展开那报告，待到他调集部下，出发应战，但时间已经太迟了。

结果是全军被俘，而自己也因此战死。仅仅是几分钟的延迟，然而却丧失了尊荣、自由与生命！美国哈佛大学人才学家哈里克说："世上有93%的人都因拖延的陋习而一事无成，这是因为拖延能杀伤人的积极性，而成功人士则与之恰恰相反。"

凡是应该做的事拖延而不立刻去做，留待将来再做，有这种不良习惯的人，是弱者。有力量的人，是那些能够在一件事情意味新鲜及充满热忱的时候，就立刻去做的人。人们最大的理想、最高的意境、最宏伟的憧憬，往往是在某一瞬间突然从头脑中很有力地跃出来的。

一个猎人，带着他的袋子、他的弹药、他的猎枪和他的猎狗出发了。虽然人人劝他在出门之前把弹药装在枪筒里，他还是带着空枪走了。

"废话！"他嚷道，"以前我没有去过吗？而且不见得我出生以来，天空中就只有一只麻雀啊！我真正到达那里，得1个小时，哪怕我要装100回子弹，也有的是时间。"

仿佛命运之神在嘲笑他的想法似的，他还没有走过开垦地，就发现一大群野鸭密密地浮在水面上，我们的乡村猎人有能力一枪打中六七只，毫无疑问，够他吃上一个礼拜的，如果他出发时在枪筒内装好了子弹的话！

如今他匆匆忙忙地装着子弹，可是野鸭发出一声叫喊，一齐飞起来了，高高地在树林上方排成长长的一列，很快就飞得看不见了。

他徒然穿过曲折狭窄的小径，在树林里奔跑搜索，树林是个荒凉的地方，他连一只麻雀也没有见到。

真糟糕，一桩不幸又惹起了另一桩不幸：霹雳一声，大雨倾盆。浑身都是雨水，袋子里空空如也，猎人拖着疲乏的脚步走回家去了。

我们每天都有每天的事。今天的事是新鲜的，与昨天的事不同，而明天也自有明天的事。所以今天之事应该就在今天做完，千万不要拖延到明天！

拖延的习惯妨碍他人行事。过度郑重与缺乏自信都是做事的大忌。当你对一件事情充满兴趣、热情浓厚的时候去做，与你在兴趣、热情消失之后去做，其难易、苦乐，真不知相差多少！当你兴趣、热情浓厚时，做事是一种喜悦；而当兴趣、热情消失时，做事是一种痛苦。

搁着今天的事不做，而想留待明天去做，就在这种拖延中所耗去的时间、精力实际上也够将那件事做好。收拾以前积累下来的尾事，我们觉得多么的不愉快而讨厌！当初一下子就可以很愉快容易做好的事，拖延了几天、几星期之后，就显得讨厌与困难了；所以接到信件，当时立刻回复最为容易。

 **人生感悟**

> 命运无常，良缘难续！在我们的一生中，良好机会来临时总是一瞬即逝，我们当时不把它抓住，以后就永远失去了。

扫除自卑的习惯

你若想在自己内心建立信心，即应像清扫街道一般，首先将相当于街道上最阴湿之角落的自卑感清除干净，然后再种植信心，并加以巩固。

在树立信心的道路上，首先，你应观察自己的自卑感相当于前面所提到的哪一种，找到相当之处，便应马上探究其根源。你将发现原来自己的自我主义、胆怯心、忧虑及自认比不上他人的感觉小时候就已存在，而自己和家人、同学、朋友之间的摩擦就为这些感觉所导致。

若对此能有所了解，则你就等于踏出克服自卑感的第一步。为了证明你不再是孩子，你若能将小时候不愉快的记忆从内心消除，即表示你又向前迈进了一步。

成长需要过程，在扫除自卑障碍的同时，你不妨将自己的兴趣、嗜好、才能、专长全部列在纸上，这样你就可以清楚地看到自己所拥有的东西。另外，你也可以将做过的事制成一览表。

譬如，你会写文章，记下来；你善于谈判，记下来；另外，你会打字、你会奏几种乐器、你会修理机器等种种，你都可以记下来，知道自己会做哪些事，再去和同年龄其他人的经验做比较，你便能了解自己的能力程度。

世界是多彩的，生活是面临着一个又一个挑战。你愿意在家当懦夫，还是希望出去闯呢？当然你希望自己能出去闯，有计划地闯！想想看，当做好一件工作时，你便能获得进一步的信心；而有了信心，又可为你带来物质上的报酬，使你获得别人的赞美，进而得到心理上的满足。这些连续美好的反应，难道不值得你去闯吗？此外，这些反应也成为你走上成功之路的推进器，使你爬得更高、看得更远，彻底发挥所长，并获得自己想要的事物。

　　成功的人工作时皆无胆怯或举棋不定的时候，尽管是从未接触过的工作，他们皆会加深对方的印象，并使自己的资历一目了然。面试时，你不妨把自己的资历制作为档案拿给对方看。除了前面所说过的之外，你还可以把自己的论文、奖状及作品的照片或影印示人，使对方产生良好的第一印象。

　　总而言之，方法应尽量与众不同，最主要的是要能充分表现自己。这样你对自己的信心也越来越强，你也就会以崭新的态度去面对生活。

　　一切消极的思想，再加上重复的回忆，就能发展成心理畸形。并且，为自信心的丧失和严重的心理问题埋下了隐患。

　　不管心理障碍的大小，我们总有灵验无比的"药方"来对待它，这个"药方"便是停止消极思想，多回忆一些积极的事情。

　　要塑造全新的自我，便要拒从你的"心理银行"中提取不愉快的思想。当你在回想任何情形时，集中精力想好的方面，忘却不愉快的事。如果发现你在想某些不好的事情，要赶快全面转移你的思想。

　　一位著名的广告心理学家在谈及我们的记忆能力时说："当被引出的是一种愉快的感觉时，广告就容易被人记住；相反，当一种广告带来不愉快的感觉时，它就有可能被很快忘记。不愉快与人们的希望相对抗，我们不要记住它。"

　　简单来说，我们确实很容易忘记不愉快的感觉，只要我们拒绝去回忆它。仅仅从你的记忆中抽取积极的思想，让其他思想自然消失。当你拒绝记住消极、自我压抑的思想时，你便向征服你的恐惧迈出了一大步。

　　有一个骨瘦如柴的年轻人，一直为自己的体质差而苦恼，他认为只有

接受训练才能解决这个困扰，所以他每天都花很多时间做运动。最后，他终于练就了一身强壮的筋骨。他的"障碍"不再存在了，但可以预测的是，他愈来愈重视自己的外表和体格了。他很怕自己会变老、会生病，或遭受意外的伤害。他旧日的恐惧和自卑感，再度把他牢牢地攫住了。

但这并不是说，你不应该改善自己的现状。如果你懂得怎么让自己不口吃，也懂得怎么让自己显得年轻漂亮，那非常好。可是不要以为这样就可以扭转你的命运，去除你自卑或恐惧的感觉。也不要期待这会解决你所有的问题，最有效的解决办法，是同时追求许多不同的目标，千万不要孤注一掷。

让自己怀有一种感觉，认为自己目前一点问题也没有，也假设自己一直怀有这种感觉。在这种感觉下，你认为自己会做什么，就开怀去做吧。不要做任何弥补自身的缺陷的事情，因为只有朝着光明的一面前进，才可能得到快乐、坚强和成就。除非真的没有什么缺陷，也做得好的事情，然后好好去做。如果你认为自己很有价值，并将这种想法付诸行动的话，你一定会对自己更具信心。

人生感悟

> 　　对自己充满信心，就是给自己的人生增添了成功的翅膀。一个欲成大事的人，首先要战胜自卑感，树起信心，充实而坦然地面对生活。

细节决定成败

抓住细节就是抓住了机遇

"王麻子剪刀"是我国著名老品牌之一。王麻子的原名叫王羣，是清朝顺治年间的北京人。

王羣年轻时在北京南城的菜市口的一家剪刀作坊里当学徒。那时王羣长得眉清目秀，仪表堂堂，脸上并没有麻子。

有一天他师娘为他师傅炖了一只鸡，鸡炖好了端出来放在他和师傅打造剪刀的桌子上晾着。桌子下面是盛着鸡血的盆。王羣在摆放剪刀时一不留神，失手将剪刀掉进了鸡血盆里。他慌里慌张地弯腰去捡。慌乱中碰翻了桌上的鸡汤，滚烫的鸡汤四处飞溅，烫得王羣满脸的大水泡。就这样，王羣成了后来人们说的王麻子。

当王羣从鸡血里捞出剪刀擦干后发现，这把剪刀格外明亮锋利，几近吹毛立断。平日里就聪明伶俐好动脑子的他没有轻易放过这一偶然现象，他反复琢磨，从鸡血里捞出的剪刀为什么会如此光亮、锋利？后来他终于从中总结出一个秘方：把打好的剪刀放在动物血里会使其更加锋利。

从此以后，他打造的剪刀越来越畅销，名气也越来越大。人们送给他的绰号"王麻子剪刀"也就越来越响了。

王羣抓住小细节不放使"王麻子剪刀"成了老字号，使它出了大名。如果他对此不是个有心人，恐怕也会和许多人一样，视其为无物，如过眼

云烟般让机会从自己的手中溜走，错失了这一重大发现的大好时机。

随着科技研究在宏观上不断扩大和它在微观上的不断深入发展，由细节直接或间接导致的重大发明创造的机会相应减少了，要想在偶然中发现必然，即揭示事物的某种奥秘，就必须对事物表面现象（偶然性）加深思索，以免错过从中获取重大发现的机会。所以人们应该时时、事事做个有心人，勤于动脑多问几个为什么，多展开一些想象和联想，使我们对事物本质的认识和把握及利用的水平，再提升一个档次。

人生感悟

> 　　不管是现在，还是将来，抓住细节都是非常重要的认识手段和方法。所以人们应该时时、事事做个有心人。

注重细节追求创新

"不要总跟在别人后面"，这是现代人的一种共识。因为只有当你自己有了与别人不同的东西，你才有可能开创自己的天地。创造新潮，更新因循守旧观念，在激烈的竞争中就能先声夺人、高人一筹。

1991年7月，在北京市举办的家具博览会上，各家具公司借这个机会将自己最新款式的家具摆在展会上，以求得消费者的认可。

几乎各个厂家拉去的都是成品家具，可独有一家公司却别出新招，拉到展览会上的都是半成品。这家公司的营销主任别有谋略，要在现场由工人将产品的内在质量和结构展现出来，使消费者放心购买，挑选好，现场组合制作，吸引了众多消费者的认可。因为很多家具从表面上是没法看到内部结构的，顾客对质量都心存疑虑，而这样现场组合制作，让人能从内部到外观都有个直观的了解，以便使消费者的放心度和认购心理得到巩固。

就这样的一个创意，使得该家具公司在此次博览会上的销售业绩名列前茅，企业知名度也大大提高，可谓一举多得、名利双收。

创新其实是一种竞争心态，将这种心态摆在你的行为模式里，时时有着创新的意识，那么你就会随时都有一种寻找创新机会的心理反应，都有创新的敏锐观察力，且会随时发现可以创新的基点。这样，就不会让能体现创新的机会从你的眼皮底下溜走。

有了创新，在同一个竞争体制下，你就有可能超前胜出，做到领先，取得竞争优势。20世纪60年代，以生产化妆品闻名于世的罗杰公司，终于在不懈的努力下敲开了被称之为"化妆品之都"的法国巴黎的消费大门，但要使自己的产品能在巴黎站住脚并得以认可却绝非易事。

当时的法国化妆品市场，已经被各国的知名公司和法国本国的产品塞得无缝可钻，对于罗杰公司的产品如何在这激烈的竞争中打开销路，公关和推销部做了仔细的分析，决定推陈出新，改变传统的推销方式，以一种全新的销售理念做切入点，打开局面，展开攻势。

按当时传统的推销方式，高级化妆品都是采用直销的方式上门促销的，但罗杰公司用当时并不流行的邮寄方式给用户送去试用品和回执卡，当用户觉得试用效果好时，就可以填回执卡，寄费邮购了。

大家都知道，法国的化妆品在世界上都是享有盛名的，到化妆品之都去竞争市场，无异于虎口拔牙，挑战的难度之大是可想而知的，但罗杰公司却明知山有虎，偏向虎山行。他们认为，越是挑战的地方越有可值得挖掘的潜力和市场。

就是这种别具风格的挑战魄力和竞争意识，加之独特的促销手法和创新的理念，使得罗杰公司不仅能在虎口拔出牙来，而且在不断地创新过程中，使其化妆品市场不断地向外扩张和伸延。那么，他们除了以邮寄的方式推销外，还开发了哪些新的销售方法呢？

我们还是从罗杰公司的回执卡说起。罗杰公司寄出的回执卡上，并不是简单的商品数量和金额的多少，而且对用户好恶什么颜色、喜欢什么花及其生日档案、星座记录等有关于个人的资料都请用户给予登记，回执卡寄回后，公司的专职人员将每个用户的个人资料全部登记建档。

在他们每次给用户寄订购的产品时，都根据档案的记录准时地附寄上一些小礼物，花费并不大，但当用户收到所订产品的同时，还能意外地收

到一份小礼品。可想，这客户还会有别的选择吗?

用户不管是否订购了产品，每逢生日都会准时收到罗杰公司的生日礼物，可以推测，主人可能在无意间都成了罗杰公司的义务推销员。

就是这种富有人情味的创新推销举措，使该公司的产品在法国化妆品市场的激烈角逐中竟取得了非凡的成绩。

可以想象得出，在当时的法国化妆品市场上罗杰公司是如何后来者居上的。

不跳出传统的推销模式，该公司的产品可能坚持不了多久就得打道回府。而跳出传统守旧的推销方式，推出一个新的设想，就能将成就做出来，而且还做得很好，这就是创新的力量。

人生感悟

> 一个小小创新，就可以在激烈的竞争中得以胜出，总是因循守旧地围着一个传统的模式转，是很难做到这一点的。

成败都来自于细节

在20世纪90年代初，日本花王公司就因为在商战中忽视了一个小的细节，结果败北了。

日本的花王公司以花王系列洗发香波和护发素闻名于世。1990年，花王公司不满足于原有品牌的洗发香波，感觉到消费者对花王系列蛋黄洗发香波、薄荷洗发香波等老面孔的厌倦，开始寻找新配方。与此同时，美国的宝洁（P&G）公司也不满足其生产的去头屑洗发水和二合一洗发水，也尽力寻求新的配方。也许是巧合，两家都看上了"维生素原 B_5"这种护发元素，并同时开始开发这种含有护发元素的洗发水。由于双方都知道对方也在开发同一品种，因而都力争抢先上市，以先声夺人。于是，大家都在争分夺秒、紧锣密鼓地进行研制工作。但是，开发一项新产品并非轻而易

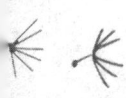

举，得不断地调试配方，得解决批量生产中各种技术问题，等等。这时，美国的宝洁（P&G）公司在几个大地区举行了一个旧品牌二合一洗发水的大型促销活动，一时间该品牌的广告比平时增加了 2 倍。实际上，这时宝洁（P&G）公司已解决了新产品生产技术问题，他们对于旧品牌的促销活动，只是造成日本人错觉的一个疑兵之计。日本人却忽视了这一细节，果真上了当，花王公司情报分析人员粗枝大叶地认为：这一行为提供了美国人并不急于推出新产品的信息，因为如果美国人已着手新产品推出，就没有必要在旧产品上浪费促销投资，而应把这些投资用在即将推出的新产品上。因此，他们得出结论，美国人的技术问题有待解决，己方仍有足够的时间，只要抓紧解决剩余的技术问题，就能抢先推出新的洗发水。于是，日方的研制部门进入冲刺阶段，促销部门也蓄势待发，准备一个月后发动攻势。当美国人了解到日本人上当的消息，立即在各大区域市场举行了声势更为浩大的宣传活动，用海报、传单、电视广告等各种媒介铺天盖地地向消费者推广"维生素原 B5"这个新名词和含有这种元素的新品牌。10 天后，拥有淡紫色方盖瓶包装，适合不同发质的营养洗发水面市，立刻受到消费者的欢迎。日本的花王公司这时才明白过来，大呼上当，但是当他们加班加点，急急忙忙推出自己的新型洗发水时，宝洁（P&G）公司的维生素原 B_5 营养洗发水已打开局面，深入人心了。日本人虽宣传浩大，声势也大为逊色，这两种同类型的产品比较起来，自然美国货的市场占有率高了。

日本人由于疏于防范，在美国公司的促销迷魂阵中掉以轻心，中了美国人的疑兵之计，让美国人占了先，赢得了优势，只能捶胸顿足，感叹奈何了。日本人忽视小细节酿成大祸，由此可见，细节于整个公司发展的重要性。重视细节对公司发展是如此，对公司管理也是如此。

一般来说，在公司管理过程中，因为不注重细节还会给公司带来弊害，因而企业要严格管理，其陷入困境之中的反败为胜也必须从细节做起。

万杰集团的发祥地是山东省淄博市博山区的一个小山村，经过 10 多年的发展，目前该集团拥有跨系统、跨地区、跨行业、跨所有制的成员企业共 21 家，其中海外公司有 3 家。

万杰集团从零开始的快速发展与其从细节做起、严格管理的观念是分

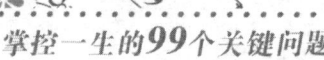

不开的。万杰集团的管理制度无处不在，从公司到工厂、车间、班组及个人，从幼儿园到学校再到老人公寓，从各科研究所到万杰医院等都有明确具体的规章制度，共计几千条，并通过各种形式如手册、宣传、讲解、提问等加以传播和贯彻，使得全体员工都了解制度，增强制度意识。

万杰集团开始时生产经营并不佳，公司内部管理混乱，但是在濒临危局时公司领导人意识到了问题的严重性，开始实行严格管理，但是起初之时，散漫惯了的人一时难以接受，公司的严格做法甚至招来一些非议，如禁烟区内禁止吸烟，刚开始执行时，很多人都反对过，罚款都解决不了问题。有的员工吸烟被罚款时，态度蛮横，既不交罚款，也不承认错误。但公司认为，"搞现代企业，没有组织纪律就无法组织生产。没有严格的管理更是不可想象。从严管理，抓起来如滴水穿石，必须锲而不舍，持之以恒"。公司从严管理的决心始终不曾动摇。

于是公司采取了更加严厉的处罚措施：在禁烟区吸烟者罚扫7天大街，先是由家人陪扫，后来将制度改为由违犯者的领导陪扫。久而久之，不在禁烟区吸烟成为了员工的自觉行动。万杰集团的员工大多数都是来自于农村的剩余劳动力，20000余人的员工总数中，大专以上文化程度只有14%，高中、中专文化程度约占49%，初中文化约占37%，企业员工素质相对偏低。但经过不断教育培训和严格管理，不仅在小事上做好了，整体素质也提高了，公司生产经营迅速发展。

企业的严格管理要从一点一滴的细节做起。一滴水折射出太阳的光辉，细小的环节不注意或者失误，往往就可能酿成大祸害。

有一个女孩说了这样一个故事：

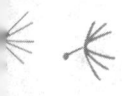

我们一家人聚在一起说说笑笑，屋里是温暖的炉火和闪烁的圣诞节彩灯。妈妈突然说："你们有谁想……"她的话还没说完，房间立刻空荡荡的，只剩下我和男友托德了。男友一脸迷惑地问我刚才发生了什么事。我说："他们都去为妈妈的汽车加油了。"

托德惊叫起来："现在？外面天寒地冻的，已经是夜里 11：30 了啊！"

看着他惊讶的表情，我笑着说："是的，就现在。"

来到妈妈的汽车旁，我们三下五去二地刮掉汽车挡风玻璃上的霜冻，迫不及待地钻进汽车里。在前往加油站的路上，托德好奇地问我，这么晚了，我们还要去给妈妈的汽车加油，究竟是为什么呢？

"每次我们回家过节的时候，我们都要替爸爸为妈妈加油。"

看着他狐疑的样子，我笑着说："我妈妈有 20 年自己没加油了。这 20 年来，一直都是爸爸帮她加油。"我耐心地向他解释道，"记得在我大学二年级那年回家度假的时候，我自认为已经长大，已经无所不知了，尤其是关于女权和女性独立自主方面。有天晚上，我和妈妈正在包礼物，我对妈妈说，将来我结婚以后，一定要让我的丈夫帮着做家务。接着，我问妈妈是否对整日洗熨衣物、刷锅洗碗感到厌倦，她却平静地对我说她从来都没有感到麻烦。这简直令人难以置信。于是，我开始向她大谈特谈两性平等。

"妈妈耐心地听我高谈阔论。等我说完后，她注视着我的眼睛说：'亲爱的，将来你会明白的。在我们的婚姻生活中，总有些事情是你喜欢做的，有些是你不喜欢做的。因此，夫妻二人一定要在一起互相交流，互相协商，看看有哪些事情是你愿意为对方做的，有哪些事情是需要二人共同做的。此外，夫妻二人要共同分担责任。我真的从来都没有在意过每天做洗熨衣物等家务事。当然，做这些琐事确实花了我不少时间，但是，这是为你爸爸做的。反过来说，我不喜欢去给汽车加油，那种特别难闻的味道着实让我难受，而且我也不喜欢站在寒冷的车外等着加油。所以，总是你爸爸去为我的汽车加油。还有，你爸爸负责日常到杂货店买东西，我负责做饭；你爸爸负责割草，而我负责清理。在婚姻生活中，是不需要记分卡的。夫妻二人各自为对方做了一些力所能及的事可以让彼此的生活更加舒适，更加从容。只要你想到这是在帮你的爱人做的，你就不会在意这些事有多么

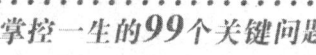
的琐碎或是麻烦，因为你这么做完全是因为爱啊！"

"这么多年来，我一直都在思考妈妈说过的那些话，我喜欢妈妈和爸爸的这种互相关怀、互相照顾的方法。你知道吗？托德，将来我结婚以后，我也不想在夫妻之间有记分卡。"

在回家的路上，托德显得异乎寻常的安静。当我们回到家的时候，托德熄灭了发动机，转过身，抓住我的双手，深情地看着我，他的脸上洋溢着温柔的笑容，眼睛里闪烁着激动的光彩。"只要你愿意"，他温柔地说，"我愿意一辈子为你加油！"

人生感悟

> 坚持不懈地为爱人、亲人、友人去做些小事，从细微之处表达关心和爱护，就是不断加巩亲情和友情的大厦。

用人失误导致失败

1992年8月19日，王安公司破产，这个曾经拥有20亿美元资产，称雄于世界电脑界40年的电脑巨星陨落了。

1965年，王安公司推出了世界上第一台操作简便的台式计算器。之后，王安公司又成功研制世界上第一台操作者可直接在荧光屏上随意编辑文稿，也可随意存储和检索文稿的真正文字处理机，实现了计算机技术的一次革命。

由于经营得法，王安公司在不到20年内实现了事业腾飞：1964年，王安公司的营业额为162万美元；1971年为3600万美元；1977～1980年年营业额从9700万美元增加到5.43亿美元；1982年营业额达到10亿美元。

到20世纪80年代中期，王安公司登上了发展的巅峰。分公司遍及全球100余国家，员工3万人，总营业额达23.517亿美元。美国电脑之冠IBM公司的规模在1971年尚是王安公司的225倍，到1985年，已只有王安公司的20倍大。可见王安公司成长之快。

从 1980 年开始，年届花甲的王安因为身体原因，不再积极参与公司的经营。1986 年 1 月，他把公司的管理大权交给了 35 岁的长子弗雷德里克·王，并任命 30 岁的次子考特尼为副总经理。

王安这种任人惟亲的做法遭到了董事们的普遍反对，他们担心王安的两个儿子缺乏领导公司的经验。而在此之前，董事们曾多次劝说王安应该招聘一名专业经理，应该只给其子留下名誉头衔，以避免让缺乏经验的年轻人来管理公司。然而，面对董事们的善言相劝，王安却冷冰冰地扔下了这么一句话："他（弗雷德里克·王）是我的儿子，我相信他的能力。"

果如专家们所料，王安的两个儿子上台后，缺乏王安所具有的科学家头脑和科学管理能力，而且刚愎自用，专横跋扈，目空一切，这引起了公司众多管理人员的反感。当弗雷德里克·王第一次以主席身份主持会议时，公司已经出现了严重的财政危机，可他还在会上大谈特谈如何改进管理，显然他对公司的真实状况一无所知，令董事们大失所望。

随着时间的推移，公司越来越多的人认为弗雷德里克·王不是一个称职的领导人。最先离他而去的是坎宁安。坎宁安自从 1967 年加入公司以来，对工作尽心尽责，对王安忠心耿耿。在他的领导下，公司先后开发出了"700"计算器和使王安公司一举成名的新一代文字处理机。为此，王安把他称作"当代的爱迪生"，对他极为器重，一手把他提拔到了公司总裁的位置上。但弗雷德里克·王却不考虑这些，在他看来，坎宁安只不过是他手下一个可以随意使唤、予用予弃的高级打工仔。坎宁安出走后，斯加尔和克罗普也觉得再无呆在王安公司的必要，先后挂冠而去。在 3 员大将的影响下，公司的一批高级管理人员和科技人员纷纷拂袖而去。公司的台柱子被抽空了！

就在这一年，公司亏损了 4.24 亿美元。

不懂行的领导、人才的流失，导致了王安公司经营状况的急剧变化。

20 世纪 80 年代初期以后，各国电脑生产厂商为了在电脑市场竞争中站稳脚跟，纷纷急起直追，新产品日新月异，层出不穷。这时，客户的兴趣正逐渐转移到了个人电脑和小型工作站上，而不是中型计算机和文字处理机。面对微型电脑迅速进入办公室和家庭的趋势，许多公司迎合了客户的这种需求，开始生产个人电脑。特别是王安公司的赶超对象 IBM，紧紧地盯

住了这一潜在市场，迅速地开发出新产品及其相配套的软件。而在这时，失去众多专家支持、刚愎自用的弗雷德里克·王却自傲本公司在产品设计和科技水准上的优势和声誉，忽视市场形势的变化，未认识到个人电脑的崛起之势，仍以中型电脑为主攻方向。弗雷德里克·王甚至把搞个人电脑斥之为"闻所未闻的荒唐事"。当 20 世纪 80 年代中后期，众多公司都致力于更廉价和更多功能的个人电脑之时，王安公司仍在坚持生产功能单一的文字处理机，结果产品销路越来越窄，市场失去大半。

面对王安公司 3 个赖以看家的产品中被挤掉 2 个的严峻局面，弗雷德里克·王开始不得不开发本公司的个人电脑，并在几周后问世。虽然从硬件上讲，王安公司个人电脑性能可靠，运转速度是 IBM 同类型电脑的 3 倍，但它在软件的设计上却存在着一个致命的缺陷，即为了保持与 IBM 平起平坐的志气和决心，它的软件与 IBM 软件不相兼容。而与之相比，其他电脑生产厂商为了方便用户使用，以便用户可以在不同机种和资料处理系统之间易于交换资料或交互作业，开发的都是与 IBM 公司产品兼容的电脑和软件。

此时，王安公司的发展真正走到了交叉路口：要么继续开发研制自己系列的个人电脑与软件，要么另起炉灶，重新开发与 IBM 兼容的开放型的电脑和软件。遗憾的是，在这个决定王安公司生死存亡的紧要关头，弗雷德里克·王又过于相信本公司的实力，不肯向 IBM 公司"臣服"。并且，他还错误地认为：从利润的角度看，开发自己系列的个人电脑，应该更利于本公司的发展。因为客户买了你的硬件后，就必须购买你的软件，这样，肥水就不会流入外人田。

此外，王安公司还通过机器维修和其他附加费用，从老客户那里不断吸取钱财，伤害了众多客户的感情。亚特兰大一家律师事务所的负责人罗伯特·赫哲说，他摆脱了价值 10 万美元的王安微机，购买了一套 125 型台式个人电脑联网系统，因此节省了 10 万美元的维修费。另一位客户反映道："我们公司因技术问题打电话询问王安公司，他们竟然提出收费 175 美元，真是不可思议。"

对于这些，一位西方评论家评论："王安公司已完全忘记了客户。"

弗雷德里克·王忽视市场需求变化和违背电脑系统化及软件标准化的

行为终于在 3 年后有了应验。3 年后，市场趋势明显了：在 IBM 个人电脑上可以运行 100 多种的软件，而王安公司花大代价独立开发的新产品却使用不上任何一种通用软件。王安公司的客户在不断减少，而 IBM 的客户在不断增多。1989 年，王安公司负债额高达 40 亿美元。

1989 年 8 月 4 日，刚做完食道癌切除手术不久的王安在其位于马萨诸塞州林肯市的家中坐在轮椅上向公司董事们宣布了一条他一生中最为痛苦的决定：撤掉他儿子弗雷德里克·王公司董事长的职务，改由文耀立暂时担任公司董事长兼行政总裁，并由公司内一个 3 人委员会负责物色接班人。

然而此时，弗雷德里克·王的撤换对公司发展来说已无关紧要了，如同病入膏肓的王安本人一样，王安公司已经奄奄一息了，文耀立所能做的只是替公司料理一个体面的后事。

1992 年 8 月 18 日，王安公司宣告破产。当日，其 B 股股价从原 5.75 元急跌至 0.35 元。

王安在其年老后，为了使王安公司能继续掌握在王氏家族的手中，为了能使王氏家族光宗耀祖，不顾董事会的反对，刻意安排才智平庸的长子执掌公司大权，并对王安公司实行家族化管理，这种行为就是任人唯亲的表现。结果其长子弗雷德里克·王上台后，由于认识、价值观、性格、理解等的差异和能力、水平的低下，在对公司发展方向和市场需求分析的把握上，作出一系列错误的判断和决策，并且未能协调好人际关系，与在公司里工作多年的行家里手产生了对抗性的矛盾，最后造成公司内部人心浮动、凝聚力下降、群贤出走。这样的用人做法焉有不败之理！终于导致了王安公司的败局。

人生感悟

在目前，我国许多企业是家庭式经营，虽然其中不乏能人当家，但往往也混杂一些平庸难堪大任的"亲者"，这些都是企业经营的真正隐患。

细节决定成败

忽略小瑕疵才能发现人才

企业要想长期地发展下去，光凭外来人才还不够，企业要有自己培养人才的机制，要从企业内部培养出"土"人才，也就是，要从自家地里挖出"宝"来。

发掘人才是给公司寻找人力资源的重要途径，公司老板应当关注这一点，因为发掘不了人才，就等于不能使用人才，就等于浪费人才。有时候，公司或办公室有一个重要的职务，但却找不到具备这项专长的合适的人，这时，作为老板你就要主动在下属中发掘需要的人才。

公司的生命在于人力，而最大的人力来源于老板有效地发现所有下属的才智，使其各尽所能。但是由于有些老板经常使用自己信得过的下属，而疏远那些尚待发现的人才，致使某些工作难以展开。

发掘人才，既需要眼光，也需要耐心，二者缺一不可。

一个不善于发掘人才的老板，只能埋没人才，给公司带来经济损失。因此，发掘人才是体现老板眼力和能力的标志之一，不应漠视。

老板不应该以"鸡蛋里挑骨头"的方法去识别人才，而应该以"矮子中拔将军"的眼光发现人才，因为金无足赤，人无完人。老板懂得此理，就应用其长而避其短，准确地筛沙拾金。

人各有所长，亦各有所短，只要能扬长避短，天下便无不可用之人。从这个意义上讲，老板的识人、用人之道，关键在于先看其长，后看其短。

一个木匠出身的人，连自身的床坏了都不能修，足见他锛凿锯刨的技能是很差的。可他却自称能造房，许多人会对此将信将疑，后来在一个造屋工地证明了这位木匠的能力。只见他发号施令，操持若定，众多工匠在他的指挥下各自奋力做事，有条不紊，秩序井然。柳宗元大为惊叹。对这人应当怎么看？如果先看他不是一位好的工匠就弃之不用，那无疑是埋没了一位出色的工程组织者。这一先一后，看似无所谓，其实十分重要。从这个故事可以悟出一个道理：若先看一个人的长处，就能使其充分施展才

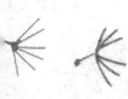

能，实现他的价值；若先看一个人的短处，长处和优势就容易被掩盖和忽视。因此，看人应首先看他能胜任什么工作，而不应千方百计挑其毛病。《水浒传》中的时迁，其短处非常突出——偷鸡摸狗成性，然而，他也有非常突出的长处——飞檐走壁的功夫。当他上了梁山，被梁山的环境所感化、改造，他的长处就被派上了用场。在一系列重大的军事行动上，军师吴用都对他委以重任，时迁成了这些军事行动成功的重要人物。由此可见，对人，即使是对毛病很多的人，首先要看到他的长处，才能把他的才干充分利用起来。

在识人所长的同时，要能容其所短。短处包括两个方面：一是人本身素质中的不擅长之处；二是人所犯的某些过失。一方面，越有才能的人，其缺陷也往往暴露得越明显。例如，有才干的人往往恃才自傲；有魄力的人容易不拘常规；谦和的人多有胆小怕事，等等。另一方面，错误和过失是人所难免的。因此，如果对贤才所犯的小错也不能宽恕，就会埋没贤才，世间就几乎没有贤才可用了。

其实，任何人才，有其长必有其短，识别人才重要的一点就是不可以以短掩长。倘若识人，只注意某一个侧面，而这一侧面又正好是人才的缺点或短处，于是就武断地下结论，那么，这种识才的方式是非常危险的，大批人才将被抛弃和扼杀。孔雀开屏是非常漂亮的，倘若一个人不看孔雀那美丽的羽毛，只看到孔雀开屏露出的屁股，就武断地认为孔雀是丑陋的，那就实在是有失公允了。

人生感悟

只有忽略人的一些细节毛病，才能得到自己所需要的人才，否则你就会怎么看怎么不顺眼，结果没有一个中意的，这样就会错失人才。

细节决定成败

141

抓好聘用和解雇的细节

1995 年 11 月 2 日，美国联邦储备局管理机构联合发布命令，宣布对日本大和银行进行严厉惩罚。

大和银行成立于 1918 年，70 多年后，已经发展成全日本的第十大银行。但大和雄心勃勃，力图成为全球性的跨国银行。就在此时，该行却遭到了美方的严厉处罚，这一处罚对大和的影响是非常严重的。在美国金融监管机构对大和银行实行处罚后，日本大藏省也下令大和银行缩减在世界各地的银行机构，重组海外业务，包括缩小海外证券业务的规模，削减国际贷款数额及减少国际证券持有量等。大藏省同时限令大和银行在 11 月 20 日之前，为其信贷和证券活动制订一个"业务计划"；在 1996 年 1 月 15 日之前，为其银行和海外信托业务制订一个"改善计划"。

内外双重夹逼之下，大和银行不得不收敛它的国际业务。大和银行希望成为全球性跨国银行的美梦破碎了。

大和银行之所以被美国课以重罚，是因为该行纽约分行高级行员井口俊英越权交易，擅自投资美国证券，隐瞒亏损达 11 年，累计亏损达 11 亿美元。

大和银行的败阵，其罪魁祸首是井口俊英。

井口俊英出生于日本神户，在日本读完高中之后到美国读大学，在密苏里州西南大学攻读心理学。大学毕业时正值世界经济危机，石油价格猛涨，他当了一名汽车推销员，没什么成绩。1976 年，大和银行纽约分行急需人才，这个对金融一无所知的人被招了进去，竟然一帆风顺，步步高升，到丑闻败露时，他的身份是大和银行纽约分行的行政总裁、债券交易员。

这两个头衔耐人寻味。作为银行的行政官员，他应该负责监督债券交易和保管债券；但作为交易员，他可以亲自去做债券生意。在别的许多银行，这两者是严格分开的，然而井口一身二任，自己做交易，自己监督自己，漏洞就出在这个细节里。

井口在纽约金融界给人的印象是精明、干练、果敢大胆，他可以在一

天之内用 1 亿美元去收购多家公司的债券，使市场以为有大买家入市行情看涨，于是大家都跟进，价格上涨，待到价格上去了，井口又一下子抛出，"大赚一笔"。但是，实际上，他赢得少，赔得多。他在 1984 年的一次交易中赔了 20 万美元，为了保持自己"神奇小子"、"金手指"的美称，他开始涂改账目，隐瞒亏损，他造假账的主要手法是把本银行持有的其他股票卖掉，拿来填补他亏损的窟窿，同时伪造文件掩人耳目，让总行相信被他卖出的股票仍属大和银行所有。11 年来，他累计做了 3 万多笔这样的生意总共亏损 11 亿美元，平均每天亏损 40 万美元。直到 1995 年 7 月，纸终于包不住火了，他才向总行写密函自首。

大和银行幸亏家大业大，一时半会无倒闭之虞。即使如此，大和银行乃至日本银行界受到的冲击仍是巨大的。大批投资者离开了大和银行，去寻找信誉更好、更可靠、更值得信赖的金融机构了。

大和银行的惨败实际上就是用人失误。

企业的用人包括招聘人和解聘人。企业用人的目的就是为了给企业创造利润，如果不能给企业创造利润，甚至成事不足败事有余时就要立即果断地采取措施，否则就会耽误大事。

当企业出现用人失误时，要反败为胜，对于企业中的害群之马，就应果断采取措施将其赶出企业。

1978 年，克莱斯勒公司陷入空前的危机之中，公司困难重重，岌岌可危。在这千钧一发之际，原美国福特汽车公司总经理艾柯卡被克莱斯勒公司聘为总经理。艾柯卡上任后的当务之急是解决领导层问题。他认为该下的非下不可，只有这样，该上的才能破土而出。对于那些在经营管理方面平庸无能者，他毫不手软地统统撤换，公司最高层 28 名高级经理，他一口气撤换了 24 个！然而，艾柯卡不仅在撤不称职人员、任用新人时敢作敢为，而且任用新人独辟蹊径，高人一筹。一般人都认为，新人大都是年轻人；而在艾柯卡看来，如果都照此取人，也就拘泥于一格了。他所谓的"新人"，必须懂得和了解他本人所搞的那一套体系，即要"志同道合"。同道者，即使花甲之年也属"新"。他用起人来，对福特公司的老同事尤其偏爱。他启用了 44 岁的原福特委内瑞拉子公司的杰拉尔德·格林沃尔德担任

克莱斯勒公司副董事长；推举 63 岁的保罗·伯格莫泽挑起克莱斯勒公司总经理的重任，他有担任福特公司副总经理的领导经验。此外，现任克莱斯勒公司负责金融事务的执行副总经理周伯特·米勒和主管北美汽车经营的哈罗德·斯伯利奇等，都是艾柯卡一手提携起来的"福特旧人"。庸人靠边，能者上前，彻底的大换班使克莱斯勒公司又有了一个强有力的领导核心，随即摆脱困境迈上了新生之路。

从上面的例子可以看出，解聘人也是企业解救危局走出困境的一个方法。企业在用人时要敢进敢出，对于企业需要的人，要不惜重金招聘，但是，一旦出现用人失误时，对于企业没用的人，甚至成事不足败事有余的人就要果断地予以解聘。

 **人生感悟**

> 人才是企业最宝贵的财富，也是企业最有意义的资本，一人可兴公司，一人也可以败企业。人才的运用关系到企业的兴衰成败。

借偶发小事巧扬名

美国联合碳化物公司有一次就碰上了让公司领导人大为烦心的"小事"：公司刚刚出巨资建了一幢 52 层高的摩天大楼，正准备再花钱搞个仪式，请一些新闻界的朋友宣传宣传的时候，突然发现有一大群鸽子不知什么时候也看中了这幢大楼，飞进大楼，在里面安营扎寨。飞进来倒不打紧，可这些小家伙不太注意保护环境卫生，鸽子粪、鸽子毛弄得到处都是，弄得好端端的大楼乱哄哄、脏兮兮的。

马上就到了请各界朋友来看看这幢大楼的时候了，可是怎样才能尽快把这些不请自来的小东西送走，尽快还大楼以干净、整洁呢？公司领导大伤脑筋，召集管理人员开会，商讨如何处理这件小事。发动员工去把它们一只只捉出去，很显然是不行的，用高科技方法驱鸽又显得有些小题大做——更关键的是那样一来，公司还得付出一笔额外的驱鸽费用，这太不划算。最后有人想出了高招，准备让这些鸽子替公司做一次免费广告。

大家知道，在西方，"动物保护者"是大有人在的，联合碳化物公司就从这一点入手，办了一场漂亮的借题发挥、借机扬名的公关活动。公司的公关人员立即拨通"动物保护委员会"的电话，告诉他们发生了一件大群鸽子误入本公司大楼的"大事"，请他们立即派人来协助处理。

在"动物保护委员会"这当然是大事，他们马上派出相关人员，拿着网子等工具，到联合碳化物公司的大楼，来"帮助"这些"无辜的小东西"到它们应该去的地方。

接下来，公司的公关人员又打电话告诉各新闻机构，在本公司新落成的大楼里，将有一场有趣又有意义的捕捉鸽子事件。在平凡的日子里，突然有了这样一件有趣的事，新闻机构怎么会不来凑热闹呢？于是，报纸、广播、电台各大媒体纷纷派出记者，进行现场报道。

在下面的 3 天里，"动物保护委员会"想方设法，在不伤害鸽子的情况下将它们请出大楼。一时间，各路人马、各色人等，在联合碳化物公司的大楼里，上演了一场人鸽共舞的喜剧。到了第 3 天下午，最后一只鸽子被安全地捉入网内，这场喜剧才算结束，此时，联合碳化物公司这座新盖的大楼，也随着这些小鸽子而变得家喻户晓。本来要花为数不小的一笔钱为大楼做宣传的联合碳化物公司，因为这些恼人的鸽子的到来，免费大大地宣传了一把大楼，他们简直有些再盼望来群猴子什么的了。

与联合碳化物公司同样具有借题发挥、借机扬名的，还有一家日本百货公司，名叫奥达克百货公司，他们的这次恼人小事是因为员工的失误造成的。一天，奥达克百货公司的售货员接待了一位美国客人——基泰斯女士。她是一个美国记者，来百货公司挑一件礼品，送给她在东京的婆婆作见面礼。售货员热情地接待了她，并为她挑好了一台启封的电唱机。售货员的服务令基泰斯女士很满意。

可当这位基泰斯女士走后的那天下午，公司突然发现，原来那个售货员卖出去的是一个没有装内件的空心样货，这下可出错了。按理说，应该立刻找到顾客退货，可在偌大的东京漫无边际地找一个人，无异于大海捞针。如

果这事发生在我国的某个地方，肯定就被当做一件小事放在那里，只等顾客来换就是了。可在日本的奥达克公司，他们把这当作了天大的事来处理。

他们的线索只有顾客的名字和一张"美国快递公司"的名片。据此，从那天下午到深夜，公司打了32个紧急电话，向东京各大宾馆查询，没有找到。又打电话"美国快递公司"总部，总算得知顾客在美国父母的电话，打过电话去问知顾客在东京婆婆家的电话号码，最终知道了这位顾客的位置。

第二天一早，当这位基泰斯女士怀着无比的愤怒，和一篇题为《笑脸背后的真面目》的控诉文章，正准备离去时，她惊奇地发现昨天的那个售货员拎着一个大皮箱，后面跟着一个经理模样的人出现在自己面前，大皮箱中装的是一个完好的电唱机和一张唱片。

然后，经理把事情的经过简单说了一下，放下好的电唱机和一个致歉蛋糕后离去，留下被深深感动的基泰斯女士。她立刻重新写了一篇新闻报道《35次紧急电话》。这篇报道在美国和日本两地发表后，奥达克公司优质服务的名声立刻闻名全国，人们都愿意冲着他的优良服务专程来此购物。

 **人生感悟**

> 生活中常常有些意想不到的偶然事件发生，处理好了，竟能变成替自己扬名的好事。细小的事情之中同样可以包含着大智慧啊。

发大财也要从积小钱开始

亚凯德是巴比伦的一位巨富，他曾向人们传授他致富的经验。在一次讲课时，亚凯德向一位自称卖蛋的节俭人说："假使你每天早上收进10个蛋放到蛋篮里，每天晚上你从蛋篮里取出9个蛋，其结果将会如何呢？"

"时间久了，蛋篮就要满溢啦。"

"这是为什么呢？"

"因为我每天放进去的蛋数比取出的蛋数多1个呀。"

"好啦"，亚凯德继续说，"现在我向你介绍发财的一个秘诀，你们要照我说的去做。当你把 10 块钱收进钱包里，只取出 9 块钱作为费用，这样你的钱包将逐渐膨胀。当你觉得手中钱包重量增加时，你的心中一定有满足感。"

　　"不要以为我说得太简单而嘲笑我，发财秘诀往往都是很简单。开始，我的钱包也是空的，无法满足我的发财欲望，不过，当我开始向钱包放进 10 块钱只取出 9 块花用的时候，我的空钱包便开始膨胀。我想，如果如法炮制，各位的空钱包自然也会膨胀了。"

　　"现在来告诉大家一个奇妙的发财秘诀，它的道理很简单，事实是这样的：当你的支出不超过全部收入 90% 时，你就会觉得生活过得很不错，不像以前那样穷困。不久，觉得赚钱也比往日容易。能保守而且只花费全部收入的一部分的人，就很容易赚得金钱；反过来说，花尽钱包里的钱的人，他的存款账户上永远都是空空的。"

 **人生感悟**

　　　凡事从小做起，从零开始，慢慢进行，不要小看那些不起眼的事物。这一道理从古至今永不失效，被许多成功人士演练了无数次。

从细微之处看趋势

　　李威·施特劳斯是犹太人，1850 年出生于德国。由于家境不好，没有上大学。1870 年，美国西部出现淘金热潮，李威抱着淘金发财的希望，随着一群年轻人来到旧金山，并立即到矿场里参加淘金。

　　李威的父亲是个文职，虽然没有什么官位，但属知识分子的范畴。李威从少年起虽厌倦家庭的文职生活，但却受家庭影响，读了不少的书，形成一种爱思考的习惯。

　　当他到金矿场工作了两三个月后，把自己和别人的工作情况和收入反

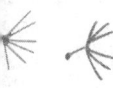

复思考、计算和比较，最后得出了结论：淘金还不如在金矿场上经营日用品小店赚的钱多。因为淘金者数以万计，大家都需要日用品，而当地却一家日用品商店也没有。有鉴于此，李威决心改变初衷，放弃淘金工作，开设一家专门销售日用品小店。

李威的举动受到同行朋友们的反对，大家说："我们不远万里来这里是为了淘金赚钱，你做小生意究竟能赚多少钱？也许连回家的旅费也挣不回来。"有的人则嘲笑他没有眼光，笨头笨脑。

不管别人怎么说，李威心里有一本早已算好的账。经了解，矿场的淘金者有好几万，如果有1万人每月买1支牙膏、1块肥皂、1条毛巾、1盒火柴、1包饼干……那么即使从每1美元的生意中只赚20美分，每月也可赚几万美元。但他有自知之明，自知资本不足，是不可能一口把这些生意吃下来的。于是，他从少量品种和数量开始，在他的精心经营下，生意比预料的还要好。没多久，他的小店初具规模，他的资本也多了起来。

一次，李威深入矿场推销线团、帆布等商品时，听到一位淘金者对他说："你销售的帆布是供淘金者做帐篷用的，如果你能用这些帆布做成裤子，相信会受矿工欢迎。为什么？因为我们现在穿的裤子都是棉布做的，不耐磨，而帆布则结实耐磨。"

矿工的一番话对李威很有启发。于是，他用做帐篷的帆布到裁缝店去试做了几条裤子，卖给矿工。几个矿工争先恐后地买下了，还有很多买不着的矿工愿预付订金也要买。

李威根据这一情况，认定这种帆布裤子一定有发展前途，这就是世界上第一条牛仔裤的始创。李威经过试销的成功后，进了大批帆布，然后组织裁缝人员进行大量生产，满足了矿工需求，他为此发了大财。1873年，他成立了李威·施特劳斯公司，在旧金山开设专厂生产这种帆布裤子。数以万计的矿工发觉这种裤子大大优于棉布裤子，大家都改穿帆布裤子了。

牛仔裤的出现，由矿工们慢慢流行到各行各业工人，后来又流行到美国的年轻人，连大学生们也认为牛仔裤是时髦服装。这样，美国的广播、电影、报纸等都把这一流行样式作为新闻，牛仔裤一下子不胫而走，成为"最好的打扮"。李威的公司为此闻名于天下，他的公司生产的 LEVIS 牛仔裤畅销于美国和世界各地。

 **人生感悟**

> 几个矿工的需求和建议，最终经过李威的努力，竟然带领了世界服装的潮流。这种细微之处发现趋势的本领是货真价实的真本领。

细节决定了儿子的前途

在一个星期一的早晨，阳光普照。出租车司机欧文·斯德恩的车子在约克大街上开来开去找顾客。但是天气太好，要乘出租车的人不多。在68街纽约医院对面，他碰上红灯，停车等候。这时他看到一个穿得很体面的人从医院的台阶上急步下来，举手叫车。

正在这时，绿灯亮了，后面那部车子的司机不耐烦地按喇叭，斯德恩也听到警察吹哨子要他开走，但是他不打算放弃这个客人。终于那人来到了，跳进汽车。他说："请去拉瓜迪亚机场。谢谢你等我。"

斯德恩心里想：真是好消息。星期一早上，拉瓜迪亚机场很热闹，如果运气好，我可能有回程乘客。那就够满意了。

斯德恩照例猜想乘客是个怎么样的人。这个人喜欢说话吗？会一言不发吗？抑或只是埋头看报？过了一会儿，乘客开口跟他攀谈，问得再平常不过："你喜欢开出租车吗？"

这是一个很普通的问题，斯德恩也给他一个很普通的回答："还不错。糊口不成问题，有时还会遇到有趣的人。可是如果我能够找到一份工作，每星期多赚100元，我就会改行。你也会吧？"

"如果要我每星期减薪100元，我也不会改行。"他的回答引起了斯德恩的兴趣。他从来没有听过人说这样的话。"你是干哪一行的？"

"我在纽约医院的神经科做事。"

斯德恩对他的乘客总感到很好奇，并且尽量向人讨教。在行车的许多

时候，他都跟乘客谈得很默契，也时常得到做会计师、律师、水管匠的乘客友好指点。也许这个人真的喜欢他的工作，也许只是因为在这春日早晨，他的心情很好。不过斯德恩决定了请他帮忙。他们很快就要到达飞机场了，斯德恩于是不顾一切对他说了出来。

"我可以请你帮我一个大忙吗？"

乘客没有开口。

"我有一个儿子，15岁，是个很乖的孩子。他在学校里成绩很好。今年夏天我们想叫他参加夏令营，他却想做暑期工。可是15岁的孩子，如果他老子不认识一些老板，就不会有人雇佣他。而我一个老板也不认识。"

斯德恩停了一下："你有可能帮他找一份暑期工作吗？没有酬劳也行。"

乘客仍然没有开口。斯德恩开始觉得自己很傻，实在不应该提出这个问题。最后，车子开到机场大厦的斜路时，乘客说："医科学生暑期有一项研究计划要做，也许他可以去帮忙。叫他把学校成绩单寄给我吧。"

他伸手到口袋里找名片，但是找不到。他问斯德恩："你有纸没有？"

斯德恩把装午餐的牛皮纸袋撕下一块来。乘客写了几个字，然后付车资走了。

那天晚上，斯德恩和家人围坐在晚餐桌旁，他从衬衫口袋里掏出那小块纸来，洋洋得意地说："罗比，这可能会帮你找到暑期工作。"

罗比高声读出来："弗雷德·普鲁梅，纽约医院。"

斯德恩的太太说："他是医生吗？"

罗比说："这是开玩笑吗？"

经斯德恩不断唠叨、哄骗、大声叫嚷，最后还威胁不给他零用钱，罗比才在第二天早上把成绩单寄出。

两个星期后，斯德恩下班回家，见到儿子满面笑容。他递给爸爸一封用很讲究的凹凸信纸写给他的信，信纸上端印着"纽约医院神经科主任弗雷德·普鲁梅医学博士"一行字。信中叫他打电话给普鲁梅医生的秘书，约个时间晤谈。

罗比得到了那份工作，做了两个星期义工，每星期获得40元工资，一直到暑期结束为止。他跟着普鲁梅医生在医院里走来走去，做些小差事，

这虽然微不足道，但他穿着白色实验工作服，自觉也很重要。

第二年夏天，他又到医院去做暑期工，这一次责任稍微重些了。中学快毕业时，普鲁梅医生很周到，替他写了一些推荐信给几家大学。罗比最后获得布朗大学的录取，斯德恩一家高兴极了。

第三年夏天，罗比又到医院去做暑期工作，渐渐对行医产生了热爱。大学快毕业时，他申请进医学院。普鲁梅医生又替他写推荐信，推荐他的才能和人品。

罗比获得纽约医院录取。取得医学博士学位之后，做了4年妇产科实习医生。

出租车司机的儿子罗伯特·斯德恩医生后来成了纽约市哥伦比亚长老会医疗中心的妇科医院主任医生。现在，他自己开业行医。

人生感悟

与乘客的几句闲聊竟然给儿子找到了一个绝佳的机会。而对乘客的信任竟然决定了儿子的前途，细节的作用的确不容忽视。

帮助老板解决小问题

一天，在西格诺，法列罗的府邸正要举行一个盛大的宴会，主人邀请了一大批客人。就在宴会开始的前夕，负责餐桌布置的点心制作人员派人来说，他设计用来摆放在桌子上的那件大型甜点饰品不小心被弄坏了，管家因此而急得团团转。

这时，西格诺府邸厨房里干粗活的一个小仆人走到管家面前怯生生地说道：“如果您能让我来试一试的话，我想我能造另外一件来顶替。”

“你？”管家惊讶地喊道，“你是什么人，竟敢说这样的大话？”

“我叫安东尼奥·卡诺瓦，是雕塑家皮萨诺的孙子。”这个脸色苍白的孩子回答道。

"小家伙，你真的能做吗？"管家将信将疑地问道。

"如果你允许我试一试的话，我可以造一件东西摆放在餐桌中央。"小孩子开始显得镇定一些。

于是，管家就答应让安东尼奥去试试，他则在一旁紧紧地盯着这个孩子，注视着他的一举一动，看他到底怎么办。这个厨房的小帮工不慌不忙地要人端来一些黄油。不一会儿工夫，不起眼的黄油在他的手中变成了一只蹲着的巨狮。管家喜出望外，惊讶地张大了嘴巴，连忙派人把这个黄油塑成的狮子摆到了桌子上。

晚宴开始了。客人们陆陆续续地被领到餐厅来。这些客人当中，有威尼斯最著名的实业家，有高贵的王子，有傲慢的王公贵族们，还有眼光挑剔的专业艺术评论家。但当客人们一眼望见餐桌上卧着的黄油狮子时，都不禁交口称赞起来，纷纷认为这真是一件天才的作品。

他们在狮子面前不忍离去，甚至忘了自己来此的真正目的是什么了。结果，这个宴会变成了对黄油狮子的鉴赏会。客人们在狮子面前情不自禁地细细欣赏着，不断地问西格诺·法列罗，究竟是哪一位伟大的雕塑家竟然肯将自己天才的技艺浪费在这样一种很快就会熔化的东西上。法列罗也愣住了，他立即喊管家过来问话，于是管家就把小安东尼奥带到了客人们的面前。

当这些尊贵的客人们得知，面前这个精美绝伦的黄油狮子竟然是这个小孩仓促间做成的作品时，都不禁大为惊讶，整个宴会立刻变成了对这个小孩的赞美会。富有的主人当即宣布，将由他出资给小孩请最好的老师，让他的天赋充分地发挥出来。

西格诺·法列罗果然没有食言，安东尼奥没有被眼前的宠幸冲昏头脑，他依旧是一个纯朴、热切而诚实的孩子。他孜孜不倦地刻苦努力着，希望把自己培养成为皮萨诺门下一名优秀的雕塑家。

也许很多人并不知道安东尼奥是如何充分利用第一次机会展示自己才华的。然而，却没有人不知道后来著名雕塑家卡诺瓦的大名，也没有人不知道他是世界上最伟大的雕塑家之一。

　　其实，人生并不缺少机遇，缺少的只是把握机遇和利用机遇的能力。所以平时要多学习多准备，以免机遇来时不知所措。

小事可以映出人格

　　爱因斯坦是科学界的领军人物，他对自己的衣着打扮几乎不花工夫，他将毕生的精力和时间都用在了科学事业上。

　　当他还未成名时，走在美国纽约的街头时，一个熟人见他衣着寒酸，便讥笑他为何穿得如此的破。爱因斯坦回答道："反正这里也没有人认识我，穿着随便点也无妨。"

　　又过了几年，爱因斯坦已经功成名就，走在纽约街头又碰到那个熟人，那个人见到爱因斯坦还是那身打扮，更是惊讶，而爱因斯坦笑着回答道："反正这里的人都已经认得我了，穿什么还不都一样？"

　　从这件穿衣的事情中我们不难领略到爱因斯坦做人的坦荡和简朴。

　　挪威是产油国，丰富的石油为挪威人换来了大量的外汇，使他们很富裕，但他们都崇尚简朴，不追求外表的奢华。出门开的多是旧汽车，即使是王室成员，如果没有执行公务，也喜欢骑自行车上街。

　　全国垄断企业 Statoil 石油公司的老板，上下班时坐的竟然是公交车。之所以这样，是因为挪威人追求的是北欧神话中"灰孩子"汉斯的形象——瘦弱的外表，坚强的内心。

　　1935 年，名声鼎盛的大画家徐悲鸿从巴黎回来，蒋介石就特意差张道藩来请徐悲鸿给他画一张半身像。尽管张道藩说了很多好话，可是都被徐悲鸿给断然拒绝了。

　　徐悲鸿说："我是画家，对你们委员长丝毫没有兴趣。你还是另请高明吧！"

张道藩非常吃惊地说："对委员长你没有兴趣，你对什么有兴趣？"

徐悲鸿冷冷地笑了笑说："我对人民大众感兴趣。"

张道藩说："这么说你肯定不给蒋委员长画像了？"

徐悲鸿说："是的，是这样。"

张道藩急了："徐先生，你是才华横溢的艺术家，我奉劝你还是不要做这样愚蠢的事，免得今后后悔。"

徐悲鸿看了张道藩一眼说："我永远不会后悔。"

 人生感悟

　　我们常说一滴水可以映出太阳的光辉，从一些小事上可以看出一个人的人格。这也是古人所强调的"勿以善小而不为，勿以恶小而为之"的本意吧。